华中科技大学出版社

http://www.hustp.com

中国·武汉

软性包装

善本出版有限公司 编著

华中科技大学出版社

http://www.hustp.com

中国·武汉

图书在版编目（CIP）数据

软性包装 / 善本出版有限公司 编著 . – 武汉 : 华中科技大学出版社 , 2017.4

ISBN 978-7-5680-2263-7

Ⅰ . ①软… Ⅱ . ①善… Ⅲ . ①包装 Ⅳ . ① TB48

中国版本图书馆 CIP 数据核字（2016）第 243473 号

软性包装
Ruanxing Baozhuang

善本出版有限公司 编著

出版发行：华中科技大学出版社（中国·武汉）　　　电话：（027）81321913

　　　　　武汉市东湖新技术开发区华工科技园　　　邮编：430223

策划编辑：段园园　林诗健　　　　装帧设计：林文桃　　　　　　责任监印：林诗健

责任编辑：熊　纯　汤雨晴　　　　翻　　译：甘　露　　　　　　责任校对：甘　露

印　　刷：佛山市华禹彩印有限公司

开　　本：889mm×1194mm　1/16

印　　张：16

字　　数：128千字

版　　次：2017 年 4 月第 1 版 第 1 次印刷

定　　价：268.00 元

投稿热线：13710226636　　　duanyy@hustp.com

本书若有印装质量问题，请向出版社营销中心调换

全国免费服务热线：400-6679-118 竭诚为您服务

塑料薄膜〔018-119〕

〔120-209〕纸

铝箔〔210-229〕

〔230-253〕纤维

前言

娜迪·帕尔西娜（Nadie Parshina）

Ohmybrand 工作室创意总监

我们生活在一个讲求速度的时代。这一点深深影响着每个人对待身边事物的态度。过去我们认为，一样东西最重要的价值在于可靠持久，可以传承给下一代，但是现在一切都已经改变了。我们从未像今天这样承受着如此巨大的心理压力，生活的节奏也越来越快，人们正在努力地适应这一切，抛弃所有不必要的东西。所有的东西都变得更加轻便，更加简洁，也更加智能化。

制造商和包装设计师的目光都越来越多地转向了软性包装，软性包装的受欢迎程度正在经历爆发式增长，不仅是因为软性包装具有轻便易生产的特点，更是因为它变化适应性极强，可以满足不同诉求。

软性包装越来越多地用于食品包装，现在几乎任何种类的食品都可以使用软性包装，包括零食小吃、散装食品、速冻食品等。软性包装在极端的储藏和使用条件下表现都非常出色，不论是冰箱冷藏储存，还是高阻隔性，不论是防止物品在运输过程中破损，还是展示包装内产品的同时方便使用，软性包装可以满足越来越多商业领域提出的要求。

设计师在开始进行包装设计的时候，需要了解哪些材料适用而哪些不适用。若某种产品存在固有的技术限制，例如紫外线照射会对其造成损坏，那么这一类产品的包装外观就不能设计透明部分。若产品需要硬性保护，那么包装使用质地柔软的薄膜材料就有失明智了。一般来说，这样的条条框框并不会很多，但是设计前一定要提前做足功课，否则设计师呈现的方案很可能到了客户手里根本无法落地。

包装产品的设计师需要随时了解新技术和新材料的发展状况，从而为客户提供相应的解决方案，包装不仅仅是为了给产品提供最好的保存条件，更是为了准确传达品牌的理念。

毫无疑问，包装设计师会遇到各种问题，而新材料和新的可能性对这些问题的创造性解决方案有巨大的影响，对产品本身的理解和呈现也有不小的冲击。

如果设计师准确采用了合适的包装材料，就可以传达出适宜的情绪，向消费者抛出巧妙的双关，或是突出产品的特点。

例如，使用透明的塑料包装盒会营造出现代高科技产品的效果，而编织袋则带给人以手工制作和传统的感觉。

软性包装的许多特质只是在近几年才慢慢浮现出来，这不仅仅是因为不停增长的市场需求和欢迎程度，而是因为软性包装的使用可以帮助解决商业方面的问题，同时为品牌推广提供解决方案。

专门研发的技术和材料使得新鲜产品的保鲜期和品质都有所改观。这虽然看起来不是什么大胆的科技进步，但实际上却使得许多食品避免了变味变质的命运。软性包装的核心理念对于环境保护来说大有裨益。包装中大量使用的各种塑料材料让包装重量更轻，这就降低了运输物流成本和废弃物管理成本。

现在，可生物降解包装材料越来越受欢迎，相关材料的生产技术也在不断进步。

软性包装中另一个颇有用处的分支是智能包装。智能包装里面含有技术先进的智能材料，其中的指示器和传感器可以对周围环境的变化做出反应。

软性材料可塑性极强，可以为包装的新形态提供无限种可能，使得产品有机会在货架上脱颖而出。

我们对于某一产品的理解都是建立在以往消费者经验的基础上。然而当同类产品过多的时候，采用后现代主义的方法，再结合独一无二的元素，依然可以吸引目光。

例如交叉式经验技巧的运用，我们可以将某一领域常见的技术移植到另一个非典型性领域。在某一领域常用的经典材料，放到另一个领域里可能就是独一无二的创新。设计师需要有敏锐的观察力，能够注意到可以平移共用的部分，并且有勇气将在创新方案中进行运用。

重要的一点是，虽然包装行业的发展深受消费者和制造商需求的影响，两者都会提出新的要求和愿景，但是为每个产品选择恰如其分又妙趣横生的样式，为相应的外形和图形设计寻找创意解决方案，则完全依靠设计师。

The Rise and Rise of Flexible Packaging

（软性包装的兴起）

虽然易拉罐、塑料桶和玻璃瓶这样的包装形式依然活跃于包装世界，但是它们正逐渐被软性包装所取代。为什么软性包装行业是如此令人激动的崛起行业？英国 Robot Food 品牌设计工作室的创意总监西蒙·福斯特（Simon Forster）跟我们分享了他的观点。

软性包装集美观性与功能性于一体，可以延长产品的保存期限，节约成本。软性包装使得产品的操作和储存更加简便，同时具有可持续性。与其他材质较硬的包装材料相比，软性包装的外观和触感往往更加富有感染力。也就是说，软性包装的优点不胜枚举。

从哪开始说起呢？

从宠物食品到化肥，乃至洗衣液，几乎所有需要具备开封后重新密封功能的产品，都是可以"装袋"的。你买到的袋装产品，封口处会有一条"此处撕开"提示线，按照提示即可轻松撕开包装，使用后可再次沿密封线封上；当然，也有可能是可反复开合的拉链或是旋转即可拧紧的喷嘴。不论产品是颗粒状、粉末状或是液体，软性包装的结构可以轻而易举地根据不同产品形态做出调整。除此之外，方便实用的特点也是软性包装得以在货架上抓住消费者目光的原因。因此，如果你想要一个曲线形、圆锥体或是三维立体的外包装，软性包装都可以达到理想的形状效果。软性包装不仅只是软，更重要的是可以根据不同情况进行定制。

对于格外诱人或是令人垂涎的饮食类产品，可以在包装中添加一层透明的高阻隔薄膜。新涂层意味着微波炉加热不再是问题，而诸如屈挠龟裂之类的现象也已经成为历史。"Homepride"是我们最近正在合作的一个英国食品品牌，我们要帮助他们打造"美式浓酱"系列产品的全新软式包装。更大的外包装表面意味着我们可以采用大胆的设计，运用高饱和度的亮丽色彩，这样一来，无需牺牲品牌名称的可辨别度，一样可以达到色彩饱满、美味可口的效果。这是向旧Homepride 的盛大告别，夺人眼球的新设计将带领品牌进入全新境界。

"美式浓酱"

柔性版印刷带来的好处也不容小觑。它的发展让图像印刷可以达到照片水准，颜色鲜艳夺目，使其能够应用于领域更广的包装设计。我们同吉百利迷你卷的设计合作中就运用了这项技术，获得了可观的利润效果。成功打造出"小小迷你卷也有大脾气"的新品牌定位之后，我们要考虑的是如何确保实物效果栩栩如生。品牌改造从外包装开始，外包装上使用了极富动态的字体，并大量融入品牌个性元素。改造延续到包装内部，一系列"拟人"的用语分别印在每个迷你卷的独立包装袋上。采用新包装之后，迷你卷的销量比去年同期增长500 万英镑，涨幅超过 10%。

"小小迷你卷也有大脾气"

有哪些注意事项?

在进行软性包装设计时，你需要了解包装的胶合部分在哪里，留心切割线的位置，这样才能保证你的设计效果不会在包装印刷过程中打折扣。不仅如此，光线反射也是需要考虑的重要因素。软性包装材质的特性具有更强的反射性，对光源更敏感，因此我们建议使用哑光材料作衬底，从而降低光线强度，令你的设计呈现出理想的效果，更富有质感。

功能、美学和可持续性

就美学角度而言，软性包装非常有利于品牌吸引受众注意力。软性包装的样式丰富多样，这是硬性包装无法比拟的。同时软性包装还具有卓越的功能性。但是，美观性和功能性两方面需要有机地结合在一起。例如，机油包装对功能性有很高的要求，香水包装则需要精致美观，可是往往漂亮的包装功能不全，而功能齐全的又不够漂亮，不论哪一点都会影响消费者的直观感受。因此，美观性和功能性应两者并重。随着软性包装技术的不断进步，我们完全有理由相信鱼和熊掌可以兼得。

接下来我们简单谈谈可持续性。对于品牌而言，可持续性不仅是至关重要的考虑因素，也是一次宝贵的机遇，特别是因为可持续性的概念对消费者认知的巨大影响力。如果消费者看到包装袋更小巧轻便，并且还有替换装可以重复使用，他们会相信自己尽到了保护生态的责任，当然，这样的包装也更节约家里橱柜的空间。退一步说，即便是不考虑这些优点，软性包装仅凭重量远低于硬性包装这一点，就可以节省大笔的物流派送费用。

软性包装带来的是双赢局面。它成本更低，对生态环境更友好，也更节省空间。它会改变我们的购买意向，改变我们同某些品牌之间的关联。如果可以把握好功能性、美观性和可持续性中间的微妙平衡，那么你就已经掌握了一种有效包装策略。

Flexible Packaging

软性包装：一种回应不停发展的消费者需求的方式

在过去的十年里，我们工作室的专家们见证了品牌推广和包装设计行业的数次重大改变。作为消费品制造商的设计顾问，我们会定期记录包装行业的新变化和新机遇，分析影响种种变化的市场因素。在我们看来，其中最突出的变化趋势就是软性包装的显著增长。

毫无疑问，软性包装如今是我们绝大多数客户最青睐的选择，包装产品范围涵盖茶、咖啡、日用百货、糖果点心、乳制品、肉类熟食、方便食品、婴儿食品、卫生用品以及美容产品。这一现象可以通过不同方面来解释。

比如说我们先从经济角度来看，使用软性包装可以让制造商优化成本，节约包装材料、仓储以及物流费用，从而有效地降低货物成本，创造竞争优势。

再比如说消费者的期望，省钱是另一项推动软性包装的重要驱动力。消费者总是尽可能地选取物美价廉的东西，避免花冤枉钱。

基于上述两点原因，制造商面临着尽量将包装成本最低化的问题，营销人员需要更加突出强调产品可以为消费者提供的价值。随着这样的大趋势，如今的消费者愈加偏爱软性包装。

软性包装的成本相对来说更容易承担，因此制造商和设计师有机会更积极地回应消费者另一个日益增长的需求，即个性化定制的需求。

我们现在来看一个实际案例。好丽友最近专门推出了一个"分享情感"系列的巧克力派，整个系列包括60款各不相同的独立小包装袋，每个小包装袋上都有一幅特别设计的艺术作品，描绘的都是日常生活场景，

亚历山大·朱尔本科（Alexander Zhurbenko） 执行合伙人

斯维特拉娜·普罗妮娜（Svetlana Pronina） 战略总监

"分享情感"

旁边还会配一句"心声"或是"小心愿"，说给自己最亲近的人。整个设计将消费者带入了好丽友的"游戏"之中，让消费者可以自由选择反映自己当下心情和感受的那一款产品，从而带动了销售增长，也加强了消费者与品牌之间的情感交流。

软性包装的外观特征让设计师和制造商能够对消费者的现代生活方式和价值观做出回应。我们接下来的案例就从消费者对产品的可移动性需求来看。越来越快的生活节奏驱使消费者去选择那些用起来舒适顺手的产品，这些就叫作"便携式产品"。

便携式产品的包装应当轻便并且符合人体工程学原理，可以在移动的情况下重复使用。软性包装的另一个优势就是可任意改变形状，而产品包装形状和尺寸上的改变可以带来附加功能。可改变形状的材料包括

硬纸板、纸张、塑料、薄膜及其他任何可以进行原创冲切设计的材料，这些材料可能还会涉及携带功能、份量控制等其他设计方案。

绿色环保的大趋势也是刺激软性包装发展的因素。消费者对于生态环境的责任感成了品牌表达自己支持环保运动的新方式。包装中使用可回收利用材料和可降解材料，为品牌带来了新的竞争力，同时也增加了品牌价值。

还有一个解决方案可以满足可持续性的要求，并且该方案可以在软性包装中成功实现。这就是带有附加功能的包装，相当于给了包装"第二次生命"，从而减少了产生的废弃垃圾。这项方案无疑对品牌所有者（制造商）和消费者是双赢的。包装生命循环周期的延长可以让品牌跟消费者之间的交流沟通持续更久。反过

Lovely Green Garden 园艺肥料

来看，消费者也可以从附加的包装功能中感知到附加价值。例如在设计儿童零食的硬纸板包装时，我们会在盒子背面设计收集类桌游，而在设计园艺肥料的硬纸板包装时，我们会将包装盒设计成可保存植物幼苗的容器。

消费者关心的另外一件事就是食物对于身体健康的影响。在这种情况下，使用纸或硬纸板等软性包装材料可以向消费者传达产品的健康性。人们对有机食品不断增长的需求，鼓励着从食品到动物饲养业、从个人护理产品到家庭日用品等不同行业的市场营销人员和设计师进行探索。

对于我们设计师而言，软性包装是一种可以满足多种沟通需求的表达形式。如今软性包装的印刷质量和附加功能不仅毫不逊色于硬性包装，甚至更加出色。软性包装的整个表面几乎都可以进行印刷，意味着设计师有足够的空间进行不同种类的图形和营销文本创作，或是添加图表或符号等支持性信息。例如在设计调味品的塑料包装袋时，我们不仅有足够的空间排版

布局，还可以添加配方表和诱人的美食图片。

在处理薄膜一类的材料时，设计师还可以享受到软性包装的另一大优势，即选择性透明区域。通过"开窗"，就是在包装上留出一块没有任何印刷图案的透明区域，我们可以满足消费者希望透过包装看到产品真实外观的诉求。

在进行诸如奶酪一类的产品包装设计时，我们会建议采取部分透明的设计方案，因为很多消费者并不是完全依赖品种名称来识别奶酪种类，而是通过观察奶酪的颜色和质地。

最后，我们希望再特别强调一次，软性包装市场的快速发展为制造商和设计师创造了新的机遇，可以更加充分地回应消费者的迫切需求。未来的趋势焦点是经济实惠、高附加价值、个性化、健康、可持续性、透明化以及便利性，我们的工作就是要顺应这种趋势创造解决方案。软性包装还具有良好的视觉亲和力，可以创造出绝妙的沟通方案，其中包括独一无二的形状外观以及附加功能。

Zoloto polejia 3 sku 奶酪 →

The Future of Flexible Packaging

（软性包装的未来）

安东·司迪曼（Anton Steeman）包装工程师，拥有 40 余年行业从业经验，"BEST IN PACKAGING" 博主

包装在我们日常生活中变得越来越不可或缺。不仅是成熟市场，新兴市场的情况也是如此。全球包装业 2015—2020 年的年增长预期是 3.5%，主要是受亚太地区、东欧以及西欧地区的强势增长所驱动。未来软性包装仍将是包装业发展最迅猛的分支。

软性包装的原材料为纸、塑料、薄膜、铝箔或是上述材料的混合制品，形式涵盖袋、盒、套、标签、包封等。在众多的包装样式中，立式包装袋占据了主导地位，深受饮料食品业界青睐，已经取代了不少传统硬式包装容器。

基础款的经典立式包装袋设计包括两张平整的包装纸，两端固定黏合形成圆形筒壁，底部用一块"W"形裁片连接起来，固定在筒壁两侧，形成一个倒置的"U"形空间。当包装袋内盛放东西时，"W"形裁片（又叫三角折档）会打开，形成一个圆形底座，使得包装袋可以平稳站立起来。原始设计只是用两张包装纸，直接将两端固定黏合形成包装袋。经过若干的修改调整，又增加了各式各样的部件。

照片来源：Creas Creative 土耳其伊兹密尔

与其他软性包装类型比起来，欧洲软包装协会（FPE）特别提到了绿色认证的软性包装，专门强调了"产品与包装比例"，还有包装袋存在周期的详细分析。例如，同等容量的金属易拉罐、塑料罐和软性长方形包装盒（容量均为 11.5 盎司或 325 克咖啡）比起来，软性包装轻而易举夺得头筹。三种包装的产品与包装比分别为：软性包装盒 29:1，易拉罐 5:1，塑料罐 3:1，我们可以很清晰地看出软性包装是原材料使用效率最高的。

ShakerPAK 是一款独特的软性包装设计，特别之处在于包装袋的底部三角折档内有一层布满小孔的衬层，可以均匀洒出种子、化肥和除冰剂等干燥固体产品。穿孔衬层的下方还有一条密封拉链，使用后可以重新封上包装。立式包装袋上还有一个激光刻线的开封条，用作防拆封标志和产品保护。

消费者想要打开包装只需要简单几个步骤，先撕掉包装袋底部的开封条，拉开拉链，然后手提简易把手在需要的地方进行使用即可，只需要抖动包装袋就可以均匀洒出产品。这样的包装设计让消费者可以自己控制使用产品的地点和方式，无需直接接触产品本身。可重复密封使用的拉链设计可以防止用不完的产品回潮。

与笨重的高密度聚乙烯塑料容器相比，ShakerPAK 立式包装袋的重量仅为 2%，在减重方面表现卓越。

图片来源：Ampac Flexibles

图片来源：中国台湾 S-Pouch 投资有限公司

与传统的立式包装袋相比，S-Pouch Pak 公司的立式包装袋主体依然是筒状，但是顶部和底部分别采用了一块折档，顶部的折档还带有一个喷嘴。包装袋外观更倾向于瓶状，站立也更稳，不会像上尖下宽的传统立式包装袋一样，在半空的时候容易倒向一侧。

S-Pouch 对立式包装袋的颠覆性设计具有更多优势，包装袋内容物可以装到包装袋高度 90% ~ 97% 的位置，也就是说，针对同等量的产品，新包装袋的尺寸最多可以减小 20%，即便是与已经非常环保的标准型立式包装袋相比，原材料的使用还可以再减少 15% ~ 20%。

加拿大魁北克省圣约瑟夫湖的 La Maison Le Grand 公司，让我们领略到立式包装袋的惊艳效果。这家传统手工食品制造商最近发布了最新系列的立式包装袋，新包装用软性包装材料高度还原了老式罐头瓶的造型，瓶口缠绕的线绳上附带着一个手写标签。

这款立式包装袋容量有 330 毫升，可微波炉加热，顶部的仿罐头瓶金属盖的印刷图案非常逼真，包装袋背后的说明提示消费者剪掉"瓶盖"就可以打开包装。包装袋一旦装满会呈圆柱状，包装袋上的 3D 印刷图案在视觉上几乎可以以假乱真，再加上模仿传统罐头瓶的标签和线绳，所有的设计细节都十分吸引消费者的眼球。

Mondi 向我们展示了一款全新定制的茶壶形立式包装袋（SUP），设计的目的是在琳琅满目的零售货架上吸引消费者的注意。形状独特的包装袋可以进行定制，用来满足不同品牌的具体需求。包装袋的印刷可以采取弹性凸版印刷或凹版印刷工艺，用金属油墨加强效果，最后用哑光涂层收尾。包装袋还可以根据需求灵活地增加部件，有种类繁多的喷嘴、封盖以及底座可供选择。

包装袋为三层结构，针对颜色醒目的产品可以在包装上设计透明或有色窗口进行展示。根据人体工程学设计原理，把手大约呈 25 度角，这样在倾倒的时候最易于掌控。把手的形状可以任意选择，为包装袋成品的整体效果增加视觉上的与众不同之处。

不论是广义上的软性包装，还是狭义上的立式包装袋，都是消费者越来越喜闻乐见的选择。因为包装袋便于外出携带，为零食、食品、饮料甚至是非食用产品提供了一种特殊的消费方式，同时也适用于节庆、公园游玩和户外烧烤。

这是一个将硬性包装外观成功移植到软性包装的经典案例，软性立式包装袋逼真地还原了传统硬质酒瓶的外观。

图片来源: Reverse Innovation, Amsterdam/Milan

不过，超市货架变成了各类软式包装的展示平台，不仅消费者会获益。与硬性包装相比，软性包装大幅提高了食品饮料加工商的经营效率和生产效益。

软性包装体积更小，重量更轻，因而运输更加便捷而运输成本更低。对某些产品而言，区别就在于向填装工厂输送的是空容器还是压缩卷筒，是否需要在货车上多加一层货板，这些都会降低使用硬性包装时需要考虑的物流和燃油费用。

图片来源: Bemis Flexible Packaging

然而，正是因为这许许多多的优点，我们总是轻易忘记了可持续性立场。尽管软性包装是接近完美的包装方式，而使用之后的处理问题依然很棘手。软性包装采用的是复杂的多层设计，有时还含有金属层，因此软性包装的回收利用并不能形成周期循环。换言之，很多软性包装在使用之后的处理方式还是简单的垃圾填埋。

越来越多具有环保意识的消费者渐渐成为全球购买力的主力军，这些消费者无法接受软性包装现行的处理方式，因此我们看到不少行业都热情地投入到了解决软性包装回收利用问题的研究当中，试图寻找全新的技术，将软性包装从化石原料制品向生物材料转型。

我想在本文专门讨论一下化石原料生产的多层软性包装材料发展近况，以及天然包装材料领域的新发展，其中农业废料在可再生资源中扮演的角色越来越重要。

我们先从化石原料生产的多层软性包装开始说起。

由于软性包装袋种类繁多，结构复杂，原料种类多样，导致包括立式包装袋在内的软性包装并不是传统意义上的可回收物品。软性包装中使用的薄膜通常会包括阻隔性材料，例如铝箔、聚酰胺和乙烯醇，这些成分会抑制包装袋在传统聚乙烯再利用流程中的循环分解。

图片来源：Photo courtesy: Fujimori Kogyo Co. Ltd/Zacros America

Flowpack 包装袋为一次性替换装，其特点之一就是易于打开和倾倒。包装袋的左上角有一个激光刻线的标签，撕掉以后会露出喷嘴。喷嘴是嵌在包装袋内部，不仅可以确保内容液体准确流到需要的地方，同时也不易脱落。喷嘴的上方有一条激光刻线的撕开提示线，提示线上方的区域表面覆盖有易于抓取的纹理薄膜。激光刻线让消费者可以用手轻松撕去喷嘴上的薄膜，并且撕口干净整齐。

从可持续性的角度来看，包装袋可以同传统硬性包装相媲美，重量却减轻了 75%，碳排放仅为六分之一，而且当内容物倒空之后，比同等容量的硬性包装容器所占的空间小得多。

陶氏化学公司最近公布了一项名为 RecycleReady 的新技术，研发出一种可回收利用的立式软性包装袋。新型包装袋的雏形来源于 2014 年陶氏化学公司推出的 Retain 聚合物改性剂，使乙烯醇的回收利用可以共用现有的聚乙烯回收利用设备。

陶氏化学公司推出的新包装袋跟传统软性包装袋一样，都是采取的多层设计，但区别在于新包装袋只采用聚乙烯一种基础原材料，因此可以直接投入现有的聚乙烯回收利用设备，不会出现任何问题。

第七代可持续发展计划研发出了一种可回收利用的立式软性包装袋。新包装袋采用聚乙烯材料多层结构，既可以在功能性和美观性方面同混合材料结构的传统包装袋相媲美，还通过陶氏化学公司的 RecycleReady 技术解决了回收利用的难题。

第七代可持续发展计划的主要关注点之一是包装袋的外观。"站在品牌所有者的角度来看，最大的挑战是如何达到跟现存包装袋一样光彩夺目的外观，获得牢固的表面印刷效果。"

图片来源：陶氏化学公司第七代可持续发展计划

目前陶氏正在进行可回收屏障技术的消费者测试，期待今年年底将新包装投放市场。如果测试结果证实可行，那么这次的技术进步正好遇上了软性包装市场对于简化包装的关注热潮，同时市场希望能够摆脱复杂的多层薄膜结构，包装更简洁但是使用寿命却不会受到影响。

我们也在生物材料软性包装领域看到了一些进展。使用 Metalvuoto 薄膜的双层结构的包装袋，表现已经与传统的三层包装相差无几。

时至今日，软性包装行业使用多层薄膜结构的做法已经基本定型，因为没有任何一种单一材料可以实现多重功能。例如，传统的三层结构中，中间的铝层为阻隔层，外层的聚对苯二甲酸乙二酯层用来达到美观的效果，内层的聚乙烯层用于热封。而现在，如果采用新的 Metalvuoto Oxaqua 涂层技术结合 NatureWork's Ingeo 衬底薄膜，已经可以实现卓越的阻隔效果和热封能力，从而取代传统的三层结构。

值得一提的是，世界经济论坛和艾伦·麦克阿瑟基金会联合发布的新报告"新塑料经济：重新思考塑料的未来"中，为我们展现了一幅塑料经济全球流通的大视野，在经济从依赖化石能源向从大自然汲取养分转型的过程中，生物塑料扮演的角色至关重要。

报告中描绘的愿景和循环经济原则表明，塑料从未成为单纯的垃圾废物，而是作为宝贵的技术或生物资源再次进入经济领域。

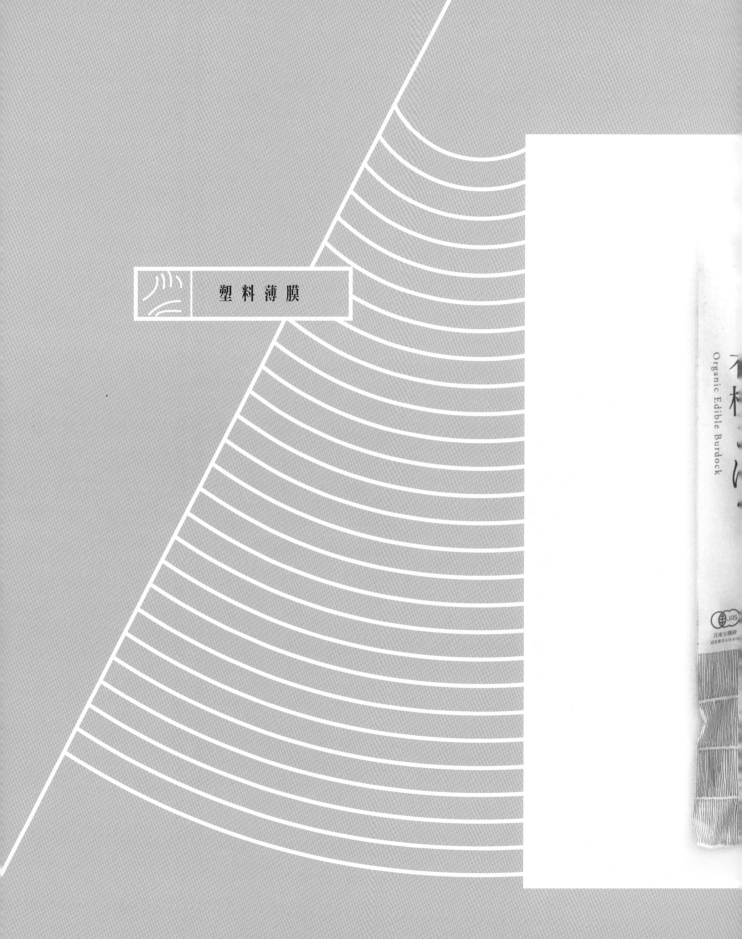

塑 料 薄 膜

Organic Edible Burdock

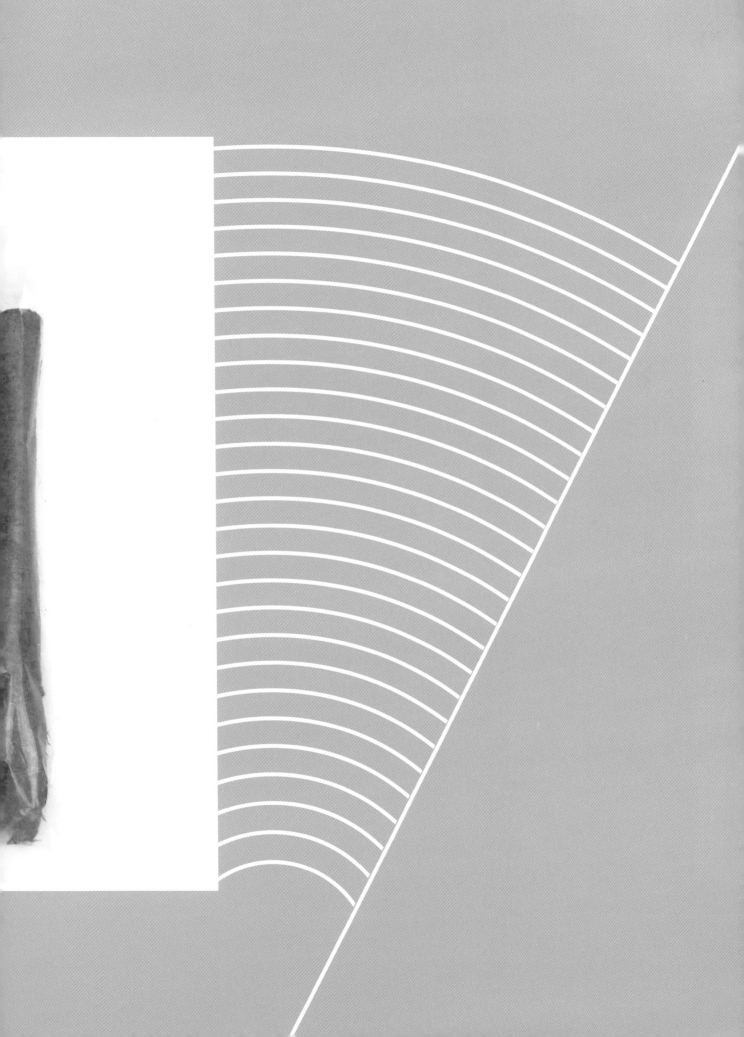

塑料膜是一种高分子材料薄膜，以无色透明的居多，常用于包裹或覆盖物品。塑料膜形式多种多样，可作透明或纯色薄膜使用，也可以进行染色和印刷处理，可单层使用，也可以多层叠加或与铝箔、纸等材料做复合膜使用。

优势：

·易于加工	·质轻	·密封性好	·可印刷	·透明度好
·可延长货架期	·耐用	·生产成本低	·美观	·可阻隔气体和水分

2. PE 塑料（聚乙烯）

PE 塑料曾一度被应用于各类食品的防尘包装材料。PE 塑料不仅可以单独使用，也可以作为热封层同纸或纤维等软性包装材料一起使用。

分类：　·HDPE- 高密度聚乙烯
　　　　·MDPE- 中密度聚乙烯
　　　　·MDPE- 中密度聚乙烯
　　　　·LLDPE- 线性低密度聚乙烯

3. PP 塑料（聚丙烯）

聚丙烯塑料为丙烯聚合物，广泛用于包装及标签材料，与聚乙烯的应用领域相类似，但是聚丙烯比聚乙烯材质更硬，更耐高温，因此也经常用作熟食及热饮容器。

性能：　·质轻　·柔韧　·高透明度　·耐冲击性　·可热封　·防潮　·不溶于酸、碱及绝大部分溶剂

应用领域：　·食品包装（更适合饼干、零食、糖果等保质期长的食品）

1. PET 塑料（聚对苯二甲酸乙二醇酯）

PET 是一种牢固耐用的透明塑料，常用于制作瓶和罐等容器、托盘的密封层，或拉伸成薄膜用于立式包装袋内及液体产品包装。PET 材料在食品及饮料包装行业内极受欢迎，因为 PET 不仅结实，而且高阻隔性的特点不仅可以阻挡空气和水分防止食物腐败，还可以防止碳酸饮料中的二氧化碳逸出。

性能：·可塑性强　·强韧　·光滑透明　·轻便　·防渗透　·防潮·减震缓冲　·不可溶

应用领域：·瓶（水、软饮料、果汁、啤酒、葡萄酒等）　·罐（花生酱、果酱）　·烘焙产品　·冷冻食品包装　·化妆品包装

性能：·可热封　　　·较为强韧　　　·透明度稍差·阻隔性较差　·成本低廉　　·可复合

应用领域：　·食品包装　（不建议用于长期保存含油脂等容易受空气及水分影响变质的食品）·牛奶纸盒及冷热饮杯·蜂蜜、芥末等可挤压式容器

4. PVC 塑料（聚氯乙烯）

PVC 塑料是除 PE 塑料以外运用最为广泛的合成塑料，在软性包装领域主要用于制造高强度包装袋、覆膜、血袋及医疗用软管等。

性能：·质轻　·质地柔软　·耐冲击性　·透明度好　·可复合·耐候性　·耐腐　·防油　·不易与化学制剂反应

应用领域：　·瓶　·罐　·肉类、鱼类、奶酪及蔬菜覆膜

Hokkaido Rice

北海道大米采用了小巧的塑料真空包装袋，一改常见大米包装的
笨重，在保鲜的同时，凸显出大米可作为礼物进行馈赠的价值。
环绕包装袋的标签标明了它的商品属性。标签上的标志图案灵感
来源于日本传统家族的族徽，象征着大米在日本的悠久历史与传
统。

包装材料 = PP、纸

工作室 = cagicacco
设计师 = Makoto Gemma
客户 = Uemori Beikoku-ten

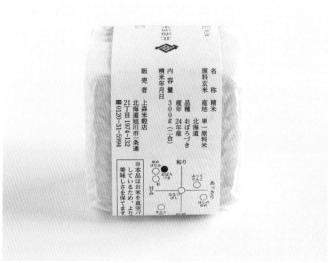

ゆめぴりか
Asahikawa, Hokkaido

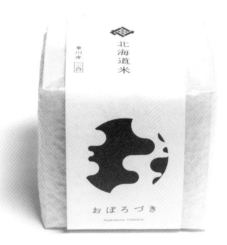

おぼろづき
Asahikawa, Hokkaido

ほしのゆめ
Asahikawa, Hokkaido

白米
Asahikawa, Hokkaido

白米
雑穀
Asahikawa, Hokkaido

白米
黒米

Teraoka Organic Farm

寺冈有机农产品包装的设计目的，是在保持产品外观多样性的同时，唤起人们对于有机农产品的意识。塑料包装袋上紧密排列的竖线图案象征着土壤，产品名称下方印有叶片的图案，用一种通俗易懂的方式传达有机农产品的信息。产品名称采用手写体，表现出该品牌对待农业的匠人精神。

包装材料 = PP

工作室 = Suisei
设计师 = Kentaro Higuchi

寺岡有機農場
Teraoka Organic Farm
有機サラダ
ほうれん草
Organic Salad Spinach

寺岡有機農場
Teraoka Organic Farm
有機ごぼう
Organic Edible Burdock

Sansho

三晶豆浆的三维立体包装袋，不仅站立稳定，而且便于倾倒。标
签的设计十分引人注目，其中产品名称书写采用随性的手写体，
营造出天然、营养、健康的感觉。

包装材料 = PP

工作室 = Design studio SYU

设计师 = Seiichi Maesaki

Macrobiotic Cookies

粗粮饼干来源于近些年流行的健康粗粮饮食理念，提倡抛弃过度精加工的食品，从自然中汲取完整的营养。因此产品包装同样遵循了"善待健康，善待自然"的理念。设计师采用简洁的透明立式包装袋，向消费者展示产品本身的亮丽色泽，同时搭配附有插图的纹理纸做标签，不仅突出了产品的优秀品质，还向消费者传递出手工制作和亲切友善的感觉。

包装材料 = LLDPE、日本纸

工作室 = IFF COMPANY inc.

设计师 = Ving Takahashi

客户 = Biokura Syokuyou Honsya

KUMADA Fish Pickles

KUMADA 腌鱼外包装通过汉字"渍"加平方符号，突出了腌鱼经过盐和酒糟两次腌渍而成的工艺特点。设计师摒弃了传统的书法表现形式，创造性地将字母元素移植到汉字中，重复的尾鳍图案在视觉上构成鱼骨架的形状，与产品内容相呼应，其中一个透明尾鳍令消费者可以直观地看到产品真实外观。

包装材料 = PP、纸

工作室 = cagicacco
设计师 = Makoto Gemma

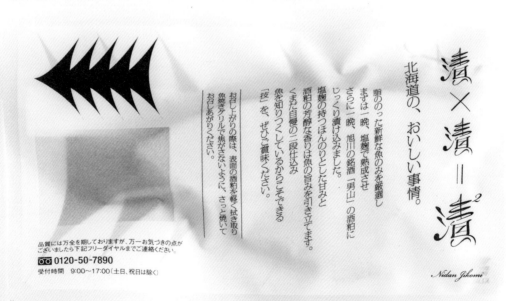

Kintaro Candy

金太郎糖果连锁店专门出售一种呈圆柱体的传统日式糖果"金太郎糖"。品牌希望通过全新包装设计吸引更多潜在消费者，体现出品牌的历史和手工艺传统。一根简单的橡皮绳将包装袋和标签系在一起。所有标签都采用了统一的格式，模仿民间传说人物"金太郎"的服饰造型。由于金太郎的形象在日本民间已经深入人心，因此日本消费者可以立刻领会到产品的设计理念。标签采用纸张作为原料，不只是出于成本考虑，也是为了通过模仿日本传统和纸的材质唤醒消费者的怀旧情结。金太郎糖果的新包装有机结合了现代与传统元素。

包装材料 = 塑料、"shintorinoko" 纸、橡皮绳

工作室 = DONGURI
设计师 = Toshihiro Gomi
客户 = Kintaro Ame Honten

Butler Pasta

Butler Pasta 是 Butler 品牌旗下的特别系列，专门为生日、初次约会及圣诞节等特殊场合定制，因此包装风格轻快活泼。设计灵感来源于各种场合使用的餐桌布置，巧妙地将不同形状的意大利面融入餐桌布置的图案当中，不仅直观地展示出适用场合，同时以其风趣而独特的外形吸引消费者的目光。

包装材料 = 塑料

工作室 = STUDIO CHAPEAUX
设计师 = Nils R. Zimmermann, Ole Bergmann
摄影师 = Florian Grill

包装材料 = 塑料

White Leaf HYGIENE PAPERS

White Leaf 卫生纸没有同类产品包装上繁复的装饰图案，也没有过多强调技术或是产品信息，而是采用纯白色底色与透明结构，直观展示出纸质的粗糙或光滑，打造出一种简洁统一的美感，同时也带给消费者一种柔软洁净的品质感。

包装材料 = PE、纸

工作室 = Caparo design crew
客户 = Eurosyst S.A.

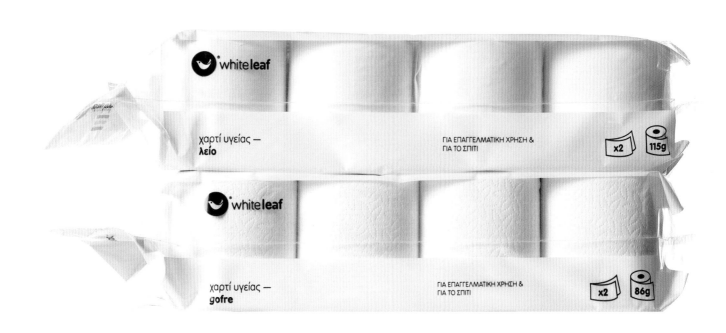

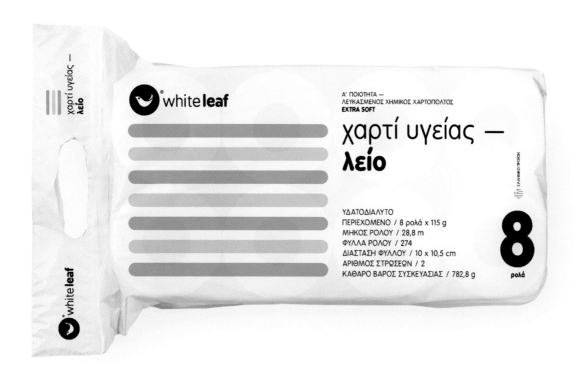

χαρτί υγείας —
λείο

χαρτί υγείας —
λείο

® white **leaf**

Α΄ ΠΟΙΟΤΗΤΑ —
ΛΕΥΚΑΣΜΕΝΟΣ ΧΗΜΙΚΟΣ ΧΑΡΤΟΠΟΛΤΟΣ
EXTRA SOFT

ΥΔΑΤΟΔΙΑΛΥΤΟ
ΠΕΡΙΕΧΟΜΕΝΟ / 8 ρολά x 115 g
ΜΗΚΟΣ ΡΟΛΟΥ / 28,8 m
ΦΥΛΛΑ ΡΟΛΟΥ / 274
ΔΙΑΣΤΑΣΗ ΦΥΛΛΟΥ / 10 x 10,5 cm
ΑΡΙΘΜΟΣ ΣΤΡΩΣΕΩΝ / 2
ΚΑΘΑΡΟ ΒΑΡΟΣ ΣΥΣΚΕΥΑΣΙΑΣ / 782,8 g

8
ρολά

white **leaf**

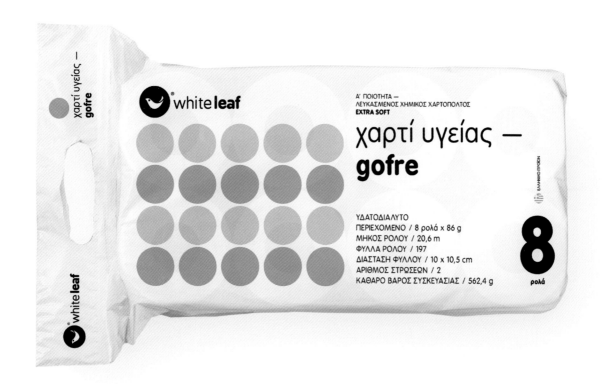

χαρτί υγείας —
gofre

χαρτί υγείας —
gofre

® white **leaf**

Α΄ ΠΟΙΟΤΗΤΑ —
ΛΕΥΚΑΣΜΕΝΟΣ ΧΗΜΙΚΟΣ ΧΑΡΤΟΠΟΛΤΟΣ
EXTRA SOFT

ΥΔΑΤΟΔΙΑΛΥΤΟ
ΠΕΡΙΕΧΟΜΕΝΟ / 8 ρολά x 86 g
ΜΗΚΟΣ ΡΟΛΟΥ / 20,6 m
ΦΥΛΛΑ ΡΟΛΟΥ / 197
ΔΙΑΣΤΑΣΗ ΦΥΛΛΟΥ / 10 x 10,5 cm
ΑΡΙΘΜΟΣ ΣΤΡΩΣΕΩΝ / 2
ΚΑΘΑΡΟ ΒΑΡΟΣ ΣΥΣΚΕΥΑΣΙΑΣ / 562,4 g

8
ρολά

white **leaf**

oho Sweet Pillows

oho Sweet Pillows 点心系列的新包装颜色亮丽，点心口味采用手写字体，排列整齐又不失灵活。包装采用哑光材质，使明亮的色彩拥有柔和光泽，带来舒适自然的感觉。水彩和油墨构成的圆点及线形装饰图案代表点心的谷物原料。

包装材料 = BOPP

工作室 = LOVE agency
客户 = Naujasis Nevėžis

Koller

Koller 是一个肉制品家族企业，产品包括香肠、冷盘肉、熟肉及生肉等。Koller 家族来自于瑞士阿彭策尔地区，因此产品包装插画选取了富有当地传统特色的"阿尔卑斯山赶牛节"的场景，着重突出了品牌的瑞士传统精髓。设计师根据不同的肉类产品包装采取了多种具有现代感的透明设计方式，个性化地展示出产品的新鲜健康。

工作室 = Siegenthaler &Co
设计师 = Oliver Siegenthaler

AUGA Organic Foods

AUGA 是一个新晋的有机食品品牌，其简约的包装设计正是它不含任何不必要的工艺和物质的健康的食品生产过程。塑料包装袋分为上下两部分：天和地。"地"的部分标明产品的天然无添加和营养价值，"天"的部分标注品牌及产品名称。蔬菜图片作为包装袋的主角印在正中心，与"天"和"地"的环境融为一体。

包装材料 = 塑料

工作室 = McCann Vilnius

设计师 = Justina Steponaviciute, Aurimas Kadzevicius

客户 = AB Agrowill group

Vegetable Soup

本系列包装袋设计外观优雅精致，为厨房带来俏皮感，排列美观的厨具元素印刷图案成为餐桌上的一抹亮色。上部的折叠纸板标签刻意露出了透明包装的底部，蔬菜汤诱人的色泽一览无余。

包装材料 = 塑料、卡纸

工作室 = COMMUNE

客户 = North Farm Stock

Villa Sammichele

Villa Sammichele 源于佛罗伦萨，为消费者提供各种优质意大利面。包装袋材料采用了塑料和卡纸，外观精致美观，折射出佛罗伦萨地区文化传承的精髓，不仅是艺术的传承，也是烹饪传统的传承。在整个意大利面系列产品中，佛罗伦萨地图的图案作为统一的主题，颜色随不同的口味而改变。

包装材料 = 塑料、卡纸

设计师 = Alvarez Juana

客户 = Duccio Dogi

GreenLife Tea

透明的包装设计清晰地展示出茶叶的真实样貌。包裹包装袋的纸带设计为锯齿状，防止顶端系的绳结脱落，同时使包装造型更为别致。包装袋可以通过绳结重复打开或密封，随着茶叶的减少，系绳结的位置还可以渐渐向下移，具有很强的功能性。

包装材料 = 玻璃纸、条纹纸、卡纸、酒椰叶纤维

设计师 = Filip Nemet
客户 = GreenLife

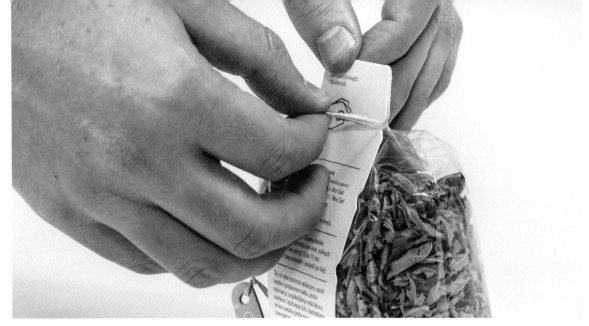

TOUCHSCREEN GLOVES

Verloop 可触屏手套兼具色彩丰富与高科技感的特点。为了凸出产品颜色种类繁多的特点，设计师采用了全透明的可重新密封 PET 塑料包装袋，而非常见的硬盒包装。PET 塑料常见于电子产品包装，强调了手套在科技类产品支持方面的功能优势，区别于其他针织物惯用的包装方式。另外，可重新密封的设计在带来不同购物体验的同时，消费者仍然可以触摸到产品柔软材质。包装文字说明极其简洁，并采用纯白色设计，从而将注意力重点全部吸引到手套的色彩上。

包装材料 = PET（可重复密封袋）

工作室 = FormNation Design
客户 = Verloop

包装材料 = PET（可重复密封袋）

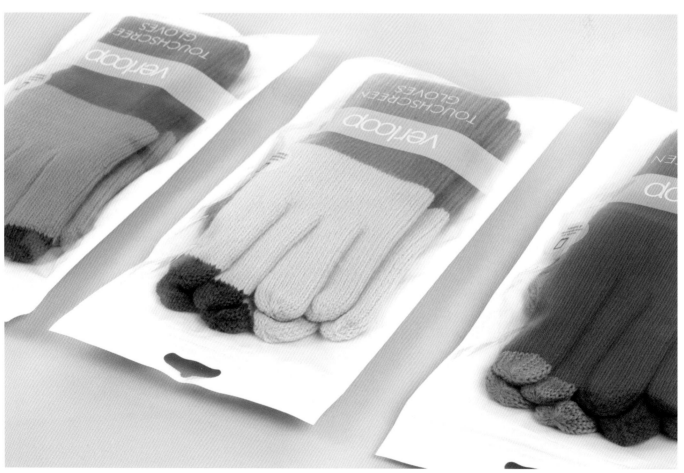

Milk & Honey Land

Milk & Honey Land 是一家农产品经销公司，代理了若干家农场的产品销售，为客户提供肉类、禽类、蛋类、牛奶以及面包，同时带给客户纯真可爱的感觉。Milk & Honey Land 提供从农场到客户餐桌的送货上门服务，带给客户欢乐与安全，这两点也充分体现在了包装设计中。手绘图案也为包装注入了情感色彩。

包装材料 = 塑料、纸

工作室 = Depot WPF branding agency
设计师 = Vera Zvereva

Black Bean Roasted Green Tea

产品采用扁平包装袋，增加了产品的可视度。标明产地的纸质封
条仔细地将包装袋包裹一圈，为包装增加了质感。简洁的设计凸
显出产品原料的天然和健康。

包装材料 = PP/PA、纸

工作室 = IFF COMPANY inc.
设计师 = Ving Takahashi
客户 = Biokura Syokuyou Honsya

Umino Shio (sea salt)

海野须贺海盐采用透明立式包装袋，使用方便，可以重新密封。包装袋正面的手绘插画十分引人注目，纯白的背景色衬托出盐本身的纯净质地。

包装材料 = PE/PA、日本纸

工作室 = IFF COMPANY inc.
设计师 = Ving Takahashi
客户 = Biokura Syokuyou Honsya

Meld

Meld 健康食品包装为忙碌的人们改善饮食提供了一个健康又便捷的解决方案。整个系列包装袋包含多个颜色，不同颜色代表不同种类的营养物质，五份即可满足一个人每餐所需的全部营养物质。通过运用透明包装材料与营养物质颜色区分系统，Meld 再次强调为消费者提供"健康食品"的承诺，并希望通过一人份包装的形式，有效减少食物浪费现象。出于环保的考虑，包装袋均采用可回收利用的塑料材料。

包装材料 = PE

设计师 = Jeannie Burnside

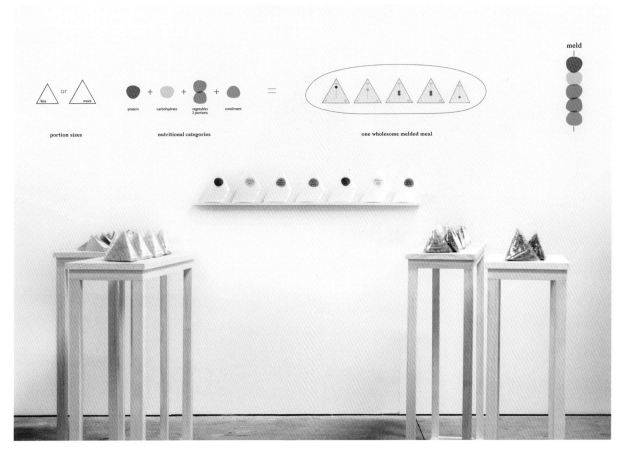

La Ferme

La Ferme 养殖的禽类采用有机喂养，饮用天然自流水，食用天然无添加饲料，不含杀虫剂或任何农药成分。La Ferme 的品牌视觉策略以及包装设计方案都是通过文字排版、文字说明及配色来实现的，保证了高端品牌定位，强调了天然产品的独特风味。

包装材料 = 层压膜(收缩袋)

工作室 = BRANDEXPERT The Freedom Island
客户 = LLC Samson Pharma

Don Perolete

Don Perolete 是来自西班牙阿尔科斯 - 德拉弗龙特拉地区的手工土豆食品品牌。工作室的设计灵感来自于美国民间传说人物保罗·班杨。班杨是一个巨人伐木工，传说中出生时五只送子鸟一起才把他带到父母身边，出生一周就与他父亲身材相差无几，饭量可以达到四十公斤食物。民间传说加上可爱的设计使 Don Perolete 的产品成为让消费者更强壮更快乐的休闲零食品牌。

包装材料 = 金属化 PP 膜

工作室 = Salvartes

As He Said ™ ("Як той казаў")

"As He Said" 的包装设计避开了与酒水饮料的联系，塑造了一个适合在任何场合享用的零食品牌。它口味众多，每种口味的饼干包装颜色均为饼干主要原料成分的颜色，帮助消费者进行挑选。包装袋的正面图案为一个张着嘴巴的长胡子老头，好像在讲着有趣的故事，营造出一种轻松的气氛。

包装材料 = 塑料

设计师 = Kristina Ivanova
摄影师 = Pavel Nenartovich

As He Said ™ ("Як той казаў")

059

Tsatsakis

成立于 1998 年，Tsatsakis S.A. 将克里特岛健康饮食与当地传统相结合，供应纯天然原材料制作的烘焙食品。面包干系列产品的包装设计遵循了极简方法的思路，包装外形裁切工整，材料质感轻巧，令系列产品更具现代感。颜色以白、黄、黑为主，配合椭圆形的透明窗口设计，在凸出面包新鲜感的同时也体现出了克里特岛的传统饮食风格。

包装材料 = 生物降解 PP

工作室 = Lasy snail
印刷工艺 = 柔性版印刷

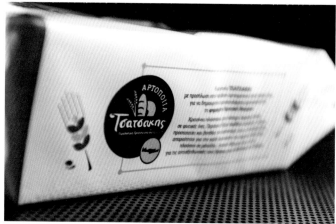

Cherchio

Niyodo Mushroom 是一个专门生产菌类产品的家庭农场。透明的立式塑料袋可以让客户看到产品全貌，可重新密封的袋口设计提供了便利性。包装袋上的黑色纸质标签标明产品的产地。整个设计凸显了产品的品质，给人以信赖感。

包装材料 = 塑料、纸

设计师 = Hachiuma Mihoko

客户 = Niyodo Mushroom

San Carlo—Highlander Snacks

圣卡洛是一个颇有传奇色彩的食品品牌，因而设计师以品牌所在地区的苏格兰高地运动项目为灵感，设计充分体现了力量与勇气，虽然风格略带戏谑和调侃，但仍不失精致。包装袋上的人物设计都穿着经典的苏格兰百褶裙，反映出产品的起源地和当地的传统习俗。

包装材料 = 多层复合塑料膜

工作室 = 6.14 creative licensing
创意总监 = Luigi Focanti
设计指导 / 插画师 = Roberto Ciappelloni
设计师 = Giulia Ripamonti

Chocolate Bars "Dochery"

Dochery 工作室特别设计了一系列巧克力，专门用来馈赠客户。
巧克力包装袋模仿迪士尼早期的动画风格，主角包括一块超级英
雄巧克力，使命是为热爱工作的人们充满创造能量。整个系列
的巧克力包装袋采用多色印刷，显著增加了颜色使用范围，新增
的三种颜色使印刷效果亮丽饱满。另外，多色印刷技术也使印刷
色泽更加牢固，更加有质感，同时还降低了不同种类小型产品的
印刷成本。

包装材料 = PP

工作室 = DOCHERY visual solutions
设计师 = Roman Emelyanov, Darya Surkova, Tatyana Kovalyova

Heinz sauces

亨氏对酱汁系列产品的新包装专门为契合品牌新定位"人人都是大厨"而设计。包装袋使用黑色作为主色调，提高了产品外观的品质感，同时从习惯选择亮色作为包装色调的同类产品中脱颖而出。黑色不仅可以凸出亨氏品牌的经典黑色字体，而且使美食插图看起来更可口。设计师通过合理利用自立袋质地柔软、表面积大的特点，使整个系列的所有产品外观风格统一，而又各具特色。

包装材料 = 塑料

工作室 = UNIQA Creative Engineering Agency

Baetatoes

Baetatoes 薯片包装抛弃了同类产品经常使用的鲜艳色彩，而是采用了一系列较为柔和的颜色，达到了一种清爽的效果。与此同时，包装袋在材质、插图、面目表情方面具有很高的识别度，每款产品包装袋上都印有一句当下的流行用语，以一种轻松俏皮地方式展示出产品的特质。所有元素都是针对年轻消费群体而设计，从而激发他们的购买欲望。金属化聚丙烯塑料袋不仅在保存食品风味上表现优异，同时可以达到不错的印刷效果。

包装材料 = 金属化 PP 膜

工作室 = CITRARTWORK
摄影师 = Adnan Puzic, Vika Meh

Krave Jerky

肉干系列产品包装的颜色多为红色和棕色，工作室为了打破色彩单一的沉闷效果，从奢侈品牌和高级食品包装中汲取灵感，为 Krave 设计出全新的包装外观。设计团队着重强调 Krave 品牌对生活的热情和采用天然原材料的特点，对原有包装的色调进行了调整，发出了更具个性的品牌声音。经典系列与有机食品系列产品包装的个性通过背景图案和版式排列得到了充分表达。

包装材料 = PET、LLDPE 压膜

工作室 = Hatch Design
创意总监 / 艺术总监 = Joel Templin, Katie Jain
设计师 = Will Ecke, Eszter Clark

Chip off the Old Block

Chip off the Old Block 薯片包装袋采用工装裤的造型，令人联想到家庭式的土豆种植方式，不仅造型简单清新，而且与消费者思维中大食品公司"过度加工"薯片的印象大不相同。包装袋底部的三个并排的拖拉机图案强调了产品的天然与质朴。不同款式的工装裤搭配不同颜色图案的衬衫，对品牌旗下普通切片薯片系列与手工厚切系列的产品进行了有趣的区分，便于消费者根据喜好进行选择。

包装材料 = BOPP 和金属化 BOPP 复合膜

工作室 = phd3
设计师 = Karl O'Connell
创意总监 = Peter Roband
客户 = Balle Bros

Nuts About You

Nuts About You 将杏仁的健康与消费者喜爱的奶油饼干、椰子、甜辣酱和抹茶等口味相结合，包装采用花朵图案为主要设计元素，对女性消费者尤其具有吸引力。同时，为了避免包装过于女性化失去男性消费者，花朵图案以黑色为背景搭配几何图案进行中和。

包装材料 = 塑料

设计师 = Iris Kim

Krayasart Thai Snack Bites

Apinya 泰式食品公司新推出了一系列泰式零食，其包装设计旨在打造高品质与独一无二的形象。立式包装袋使用半透明油墨进行印刷，因此包装袋正面的白色与红色大约可以达到25%的透明度，可以让消费者大致看到产品的样貌，而正中间的透明图案则可以让消费者看到产品全貌。辐射状图案令人联想到传统的泰国文化，灵感来源于泰式寺庙的天花板壁画。通过红白两种颜色的不同搭配比例，显示出零食的口味，而不像直接使用大幅使用水果图片这样直白。包装背面利用银色底称和85%的白色固体油墨打造出微闪效果，产品名称使用红色半透明油墨制造出金属光泽。另外，成分表字体也较其他产品而言更大，显示出 Krayasart 对产品原料的重视。

包装材料 = 透明塑料膜（哑光油墨涂层，正面）、银色塑料膜（哑光油墨涂层，背面）

工作室 = Apsara
设计师 = Adam Ross，Joe Velasquez
客户 = Apinya Thai Food Co.

Labels for FKN Nuts

FKN 坚果包装标签采用了一系列风格统一的幽默插画，通过插画内容描述产品口味，同时为消费者带来乐趣。标签色彩亮丽，为包装增添了活力与生气。

包装材料 = PET、金属化 PET 和 PE 复合膜

设计师 = Ludmila Katagarova

Memento Me in a Glass

Memento Me in a Glass 玻璃杯推出新包装，旨在帮助品牌从家居用品向时尚方向转型。真空包装袋安全无毒，可以盛放食品，一项功能是根据色彩分类单独包装，代表着玻璃杯的专有性和时尚价值，另一项功能是为产品带来一丝珍贵和不可触碰的感觉。立式手提袋是专门为玻璃杯而设计，不仅可以严丝合缝地包裹杯子，内部的泡沫塑料还可以防止发生损坏。包装袋的表面材料易于印刷，设计师可以自由展示设计灵感。

包装材料 = PA/PE（食品级真空包装）、哑光 PP 膜、铝箔 & 聚乙烯塑料（直立袋）

工作室 = POST
设计师 = Sebastiano Tessari
客户 = MEMENTO S.R.L.

Coffee Inn

Coffee Inn 的客户通常只会点咖啡带走饮用，而没有注意到店里也会售卖咖啡豆，因此新包装的目的在于让消费者能够注意到货架上的咖啡豆。设计师采用了具有非洲风情的几何花纹，花纹颜色的不同用来区分单一咖啡豆或混合咖啡豆的品种。热情的图案不仅令人联想到咖啡的原产地，同时为品牌形象增添了生动的色彩。

设计师 = Étiquette

包装材料 = 哑光 PET、PE、铝箔和 LLDPE 复合膜

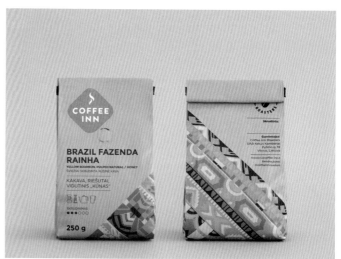

Oxford

Oxford 是一个纸巾品牌，塑料包装设计选取了三种潘通色，其中金色为包装带来精致和特别的感觉。花纹的设计使颜色看起来更加有层次感，视觉上会令人误以为设计师使用了不止三种颜色。包装背面的条形码设计为卷纸造型，为整体增加了一丝人情味和俏皮感，同时让消费者联想到产品类别。纸巾包装别致却不呆板，富有生活情趣。

包装材料 = 塑料

工作室 = The Bakery design studio
设计师 = Ivan Khmelevsky, Anna Latysheva
客户 = VLG Tade LTD

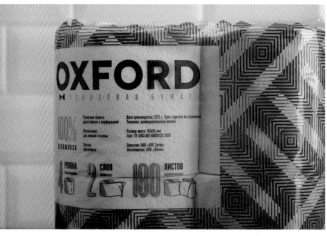

TMA-2 Modular Packaging System

TMA-2 模块式头戴耳机提供超过 20 种耳机配件，可以实现超过 500 种组合搭配方式，包装方案旨在满足库存管理、仓储物流、线上销售及线下货架销售的服务需求。TMA-2 耳机的黑色哑光极简风格设计灵感源于库布里克电影《2001 太空漫游》中的黑色巨石。耳机名称中的连字符 "-" 象征耳机部件的可组装功能，同时作为包装袋图案突出配件名称单词。另外，"-" 在古希腊语中还有 "在一起" 的寓意。包装盒与包装袋采用同样简约却充满趣味的网格压纹图案，暗示着无限变化和进化的可能性，而塑料包装袋的灰色与黑色包装盒及白色贴纸形成鲜明对比。所有包装材料均为哑光材质。

包装材料 = 塑料

工作室 = AIAIAI, Kilo Design
设计师 = Lars H. Larsen, Peter M. Willer, Johannes Becker
摄影师 = Rasmus Dengsoe

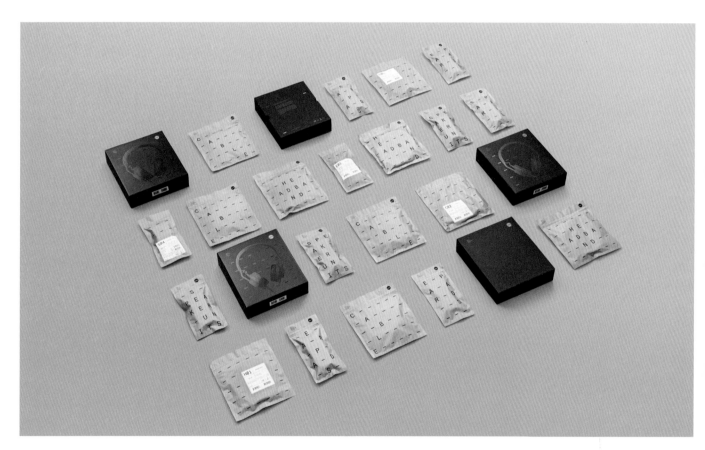

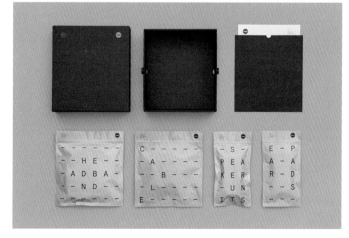

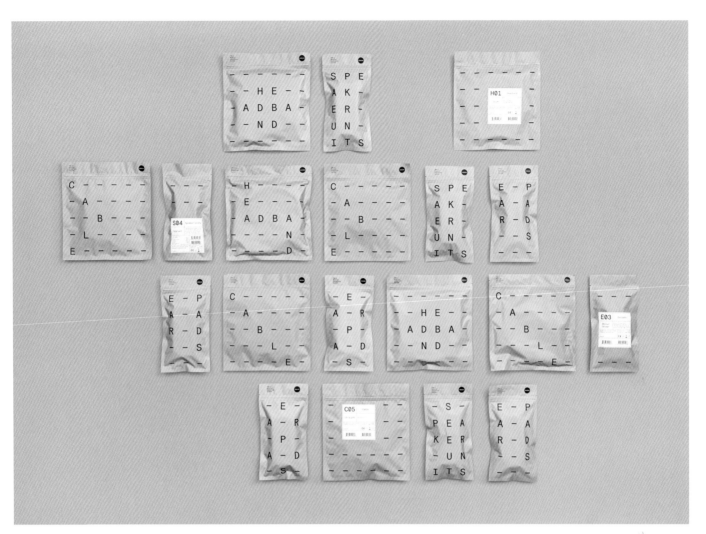

EAT MY SHORTS!

EAT MY SHORTS! 是一个中性服装品牌，专为寻求打破性别屏障的群体而设计。包装袋采取隔热材料，保证衣物即使在高温环境下也不会受到任何损害。外包装印有清晰详细的尺码对照表，方便消费者参考。

包装材料 = PET 膜

工作室 = Black Canvas
设计师 = Tomás Salazar
客户 = Malena González Blas

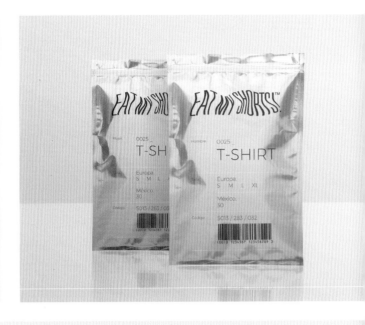

Zamora Meat Snack

Zamora 推崇家庭手作食品，产品完全依靠传统配方使用纯天然原料制作加工，然而设计师通过增加包装设计的现代感，强调品牌注重当下的价值观，实现了传统与现代的融合。

工作室 = makebardo

包装材料 = BOPP、PET & PE 混合膜（袋子），防油纸（包装纸）

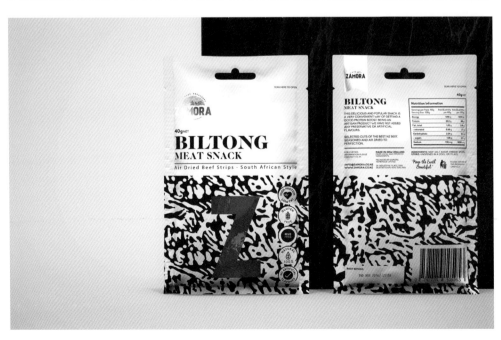

Wine Pouch (R)Evolution

葡萄酒软式包装袋重新阐释了经典波尔多葡萄酒瓶的定义。硬纸板结构包裹在光泽的黑色包装袋周围，不仅造型优雅新颖，同时保证包装袋可以稳定立在桌面上。设计师利用压纹图案与紫外线图层描绘出葡萄酒产地的梯田地貌，甚至会使用当地的葡萄叶作为蓝本，进一步凸出了葡萄酒原产地的特点。

工作室 = Reverse Innovation
设计师 = Gustavo Messias, Fiona Martin
创意总监 = Mirco Onesti
客户 = Gigante

包装材料 = 硬纸板、LDPE（喷嘴）、BOPP 膜、铝箔、MET-PET 膜（内层）

Rosso del
Vigneto Nuovo
VIGNAIOLI IN ROCCA BERNARDA

Walwari—Dog Balance

Dog Balance 是韩国 Walwari 宠物食品公司新推出的狗粮系列，包装设计选用了水果蔬菜及肉类的手绘插画，配合颜色明快的字体，向消费者传达健康及营养均衡的品牌形象，同时包装袋的黑色背景可以烘托出设计图案的主体。Dog Balance 并没有采取在包装袋上使用宠物犬照片的传统设计方式，从而达到从众多同类产品中脱颖而出的效果。

包装材料 = 乙烯基塑料

工作室 = Studio ContentFormContext
设计师 = Charry Jeon, Saerom Kang
客户 = The Big One

Aromaticat

Aromaticat 猫砂包装袋基于猫厕所的造型，凸出该产品去异味的功能。包装正面的插画描绘了一只猫咪在花园、沙滩和果园里"方便"的场景，俏皮地暗示了猫咪作为捕猎动物的天性，也展示出猫砂有薰衣草、雨林和苹果三种味道可供选择。设计师的目的是为产品打造轻盈明快的感觉，同时保证外形美观。

包装材料 = PP

工作室 = DOCHERY visual solutions
设计师 = Tatyana Kovalyova
客户 = Zoopride

"Hello My Name Is" Facial Skincare Masks

Hello My Name Is 新推出了两款面膜护理产品，马油面膜和蛇油面膜。马油和蛇油均为东方医学传统中的常见药材，已有数百年的药用历史。设计师从中国传统肖像绘画中汲取灵感，结合品牌定位、目标市场及成分来源，以马和蛇为原型，创造出两款独特而充满艺术感的花纹图案。

包装材料 = 塑料、卡纸

工作室 = Yang Ripol Design ltd.

Hello
my name is
Horse Oil Mask Pack

헬로 마이 네임 이즈 홀스 오일 마스크팩

Hello
my name is
SYN-AKE Mask Pack

헬로 마이 네임 이즈 시네이크 마스크 팩

Joffrey's Coffee

轻松愉快、古灵精怪、色彩缤纷是 Joffrey's 咖啡系列产品包装的
三个关键词。每款不同口味的咖啡包装袋都绘有不同的插画，为
产品赋予独特的个性。虽然插画的作者来自世界各地，但是组合
在一起的效果却非常和谐，构成了完整统一的品牌形象。

包装材料 = 镀铝 PE 膜

工作室 = Dunn&Co.

设计师 = Grant Gunderson

插画师 = Charlie Davis, Cristian Turdera, Steve Simpson,
Menze Kwint, Gwen Keraval, Christian Kunze, Thomas Burns

Syrobogatov

Syrobogatov 是俄罗斯知名的奶酪生产商。为配合品牌的新定位策略，所有产品包装进行了更新换代，产品被重新定义为充满活力的现代型品牌，为消费者提供高品质美味奶制品及奶酪制品。新包装特别使用了现代拍摄方法，再加上专业的食物造型装饰，凸出了奶酪的美味可口，与品牌新定位十分契合。

包装材料 = 食品级塑料膜

工作室 = BRANDEXPERT The Freedom Island
客户 = LLC Trade House "Syrobogatov"

Peyton and Byrne Chocolate Bars

Peyton and Byrne 巧克力包装采用极简风格的简单包装，符合品牌一贯的优雅形象。为达到理想效果，在多次试验测试之后，设计师选择在透明哑光 OPP 膜背面印刷，然后压上一层白色不透明 OPP 膜，从而得到了亮丽而精致的颜色效果。

包装材料 = OPP 膜

设计师 = Anthony Earp
客户 = Peyton and Byrne

Insal'Arte

本系列新鲜沙拉采用的是聚丙烯包装袋，每款包装袋上都印有沙拉名称的首字母。字母图案由包装内相应的蔬菜图片组成。这样的设计可以展示包装内的新鲜蔬菜，在琳琅满目的货架上更易于辨认。同时抛出首字母和蔬菜图片，可以引起消费者的猜测兴趣，从而产生互动。在经过多次尝试之后，工作室决定采用转轮凹版印刷技术，以达到图片柔和淡雅的效果和亮丽的色泽。

包装材料 = PP

工作室 = Deofficina
设计师 = Mirco Luzzi

Idea

Lattughino

Fantasiosa

Radicchio
Rosso

Cuore di
Scarola

Radicchio
Variegato

Vkusy Mira

Vkusy Mira（俄语，意为"世界的味道"）的产品线涵盖来自世界各地的健康零食，提倡非油炸和无添加概念。产品包括印度产的莲子和秘鲁产的番薯等一系列对于俄罗斯消费者较为陌生的食品，因此产品外包装需要直观地体现产品内容，以及"健康"和"美食之旅"的品牌理念。设计师以简洁易懂的方式将营养成分、原料、产品产地及小趣闻等信息呈现在包装袋上。

包装材料 = PET、铝箔 & LLDPE 复合膜（椰子片），PET 膜（其他）

工作室 = BRANDEXPERT The Freedom Island
客户 = LLC Tradeberri

Oyatsu TIMES

东日本旅客铁路公司推出了 Oyatsu TIMES 系列零食，这是"NOMONO"项目下的系列产品，旨在帮助人们重新发现日本不同的社区文化。Oyatsu TIMES 包装袋均为口袋大小，色彩丰富，附有每个地区当地的信息和介绍，为旅途增添乐趣。

包装材料 = 镀铝聚酯薄膜、哑光 OP 膜

工作室 = NOSIGNER, DODO DESIGN
客户 = East Japan Railway Company

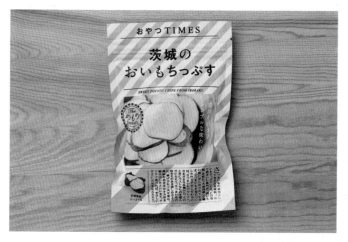

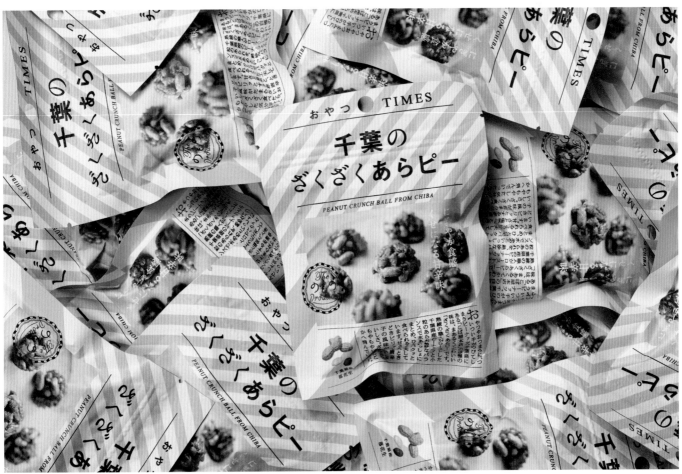

Purina Beyond

Purina Beyond 系列宠物食品包括健康营养的猫粮和狗粮，为契合产品天然无添加的特点，包装方案在传达品牌故事和品牌形象时特别强调产品源于自然的理念，整体形象清新、自信、与众不同，从而在货架上脱颖而出。

包装材料 = 塑料、纸、PP、锡

工作室 = CBA North America
客户 = Nestle, Purina Beyond

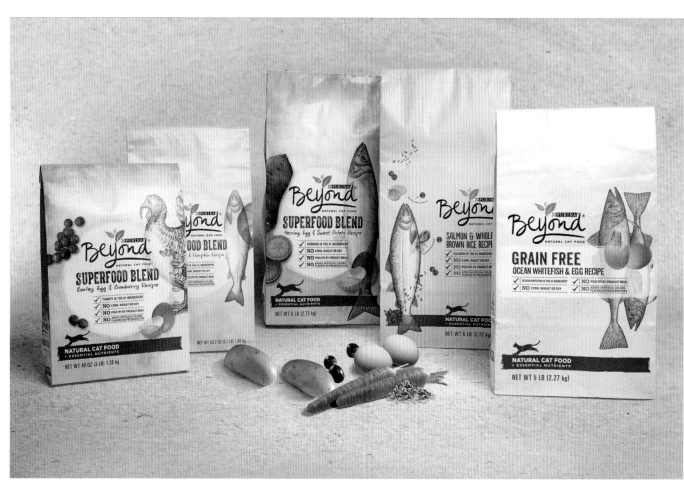

Nutberry

Good Food 公司的 Nutberry 系列包括新鲜水果及坚果，包装采用牛皮纸和透明的塑料薄膜，配合专业的食品造型风格，为产品打造出天然健康、新鲜营养的形象。透明区域在展示产品的同时，给消费者以安全可靠的感觉。

包装材料 = 食品级薄膜、牛皮纸

工作室 = BRANDEXPERT The Freedom Island
客户 = LLC Good Food

Raselli Organic Tea

Raselli 有机花茶一直深受茶叶爱好者的青睐。茶叶中使用的花朵来自瑞士的阿尔卑斯山脉地区，在阳光充足的山谷中自由生长。花朵在盛开后会立即采摘风干，从而将花朵的怡人香气完整保存下来。透明包装用于凸显茶品的纯天然和高品质，同时可以将花茶作为产品名称的背景图案。标签采用多种亮丽鲜艳的色彩，灵感来源于心理学上的色环概念及其对应的正面情绪，正如一杯好茶可以带给人们好心情。

包装材料 = 玻璃纸、纸

工作室 = Plasmadesign Studio
设计师 = Christian Weber,
Filip Triner, Selina Böhringer, JudithSchmidt
客户 = Raselli Erboristeria Biologica

110

Steve's Leaves

本系列产品为沙拉蔬菜叶，包装袋正面的图案描绘了品牌所有人 Steve 采摘蔬菜的动作。包装袋采用明亮的色彩，象征着纯天然绿色蔬菜浓郁美味的口感。包装袋大小正好是"一份"的用量，方便消费者随心所欲进行不同搭配，免去了一次购入过多的麻烦。

包装材料 = 塑料

工作室 = Big Fish

Blue Goose

Blue Goose 是一个加拿大的天然有机食物品牌，专门供应牛、鸡及鱼类产品。Sid Lee 工作室为其设计了公司标志及包装方案，并且插画师 Ben Kwok 以牛、鸡及鱼的形状为轮廓创作了一系列插画，成为包装袋上的亮点。插画中描绘的是农场动物所生活的天然环境及喂养条件，整体温和而富有设计感，体现出该品牌对于动物的细心呵护，用独特的方式体现了品牌的价值观。品牌整体采用蓝色调的设计风格，打破了食品业对颜色的传统偏好，在同类产品之中独树一帜。

包装材料 = 塑料、网

工作室 = SID LEE

插画师 = Ben Kwok

THE ONLY
ADDITIVE
WE USE
— IS —
LOVE.

FROM
FARM
TO FORK
— WITH —
NOTHING
IN BETWEEN.

Leuven Beer Packaging

Leuven 啤酒摒弃了传统啤酒包装常用的玻璃瓶,采取了软性包装材料,不仅携带更轻便,而且更有利于控制成本。这种包装形式在所有同类产品中独树一帜,同时简洁的包装造型充满设计感,维护了品牌一贯的高品质形象。

设计师 = Wonchan Lee

包装材料 = PET 树胶、纸板、棉

Thalassios Kosmos

Thalassios Kosmos 公司出产的速冻海产品的新包装样式简洁、便于消费者使用。包装正面渔民的旧照片营造了一种人文而非工业化的感觉。背面的标识根据公司名称 Thalassios Kosmos（意为海洋世界）单词发音的第一个音标 / θ / 演化而来，另外形似鱼状令人马上联想到海产品。

包装材料 = PP

工作室 = mousegraphics
设计师 = Joshua Olsthoorn

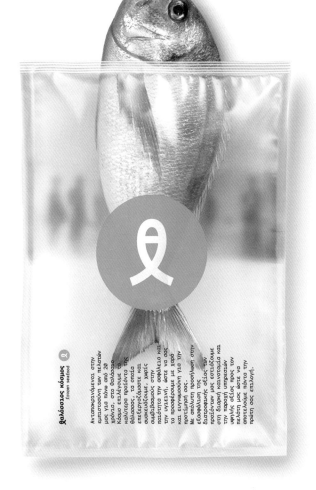

Whole Fish

Whole Fish 系列产品希望能通过产品标识传达出公司的立场及价值观。产品包装有四种不同的颜色，代表四个品种的鱼。设计采用透明包装材料，凸出产品高品质的特点，同时真空包装可以确保产品保持新鲜。

包装材料 = PE 膜

工作室 = the bread and butter
客户 = Chongryong Fisheries

Fresh Fish Pack

设计师为这一款鲜鱼产品采用了高辨识度的包装方案，目的在于提高鲂鱼、鲭鱼及鳐鱼等可持续海产品对消费者的吸引力，同时能与消费者更为熟悉的鱼类产品具有同等竞争力。包装袋专为鲜鱼出售柜台而设计，双层聚乙烯材料具有可重复密封的功能，同时在运输过程中可以填充冰块保证新鲜。

包装材料 = PE

工作室 = PostlerFerguson
设计师 = Martin Postler

包装材料 = PE

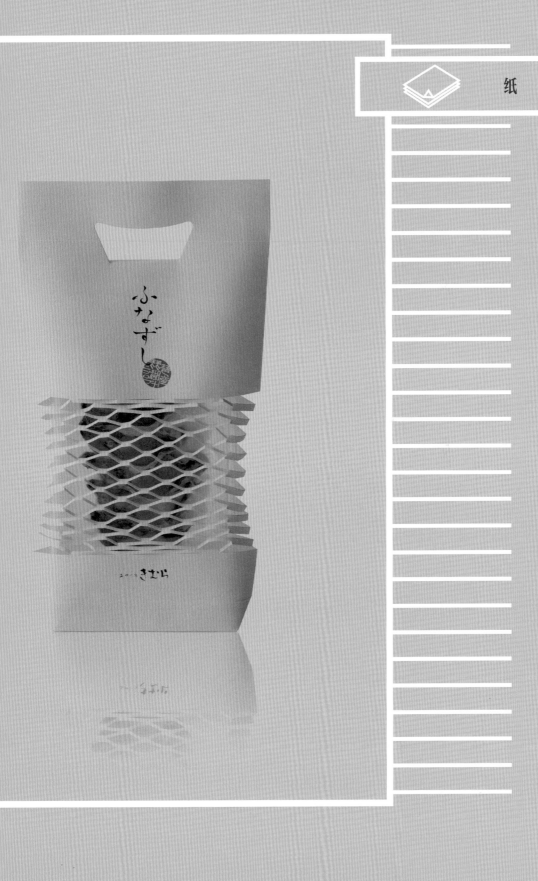

紙

纸是由木材、草或碎布研磨成纸浆后获得的纤维制成的，通常质地较薄，常用作包裹、商标或容器。

种类：

1. 卡片纸 是普通纸张经过加工而成，通过在表面添加特殊涂层以达到某方面的特定要求，例如增重、改变纸张光泽、增加光滑度或减少润墨。

性能： ·质地较厚 ·强度及硬度较大 ·易于裁剪造型 ·质量较重

2. 铜版纸 是以原纸为原材料，通过添加涂料涂层加工得到的优质纸张，通常比普通白纸厚，常用于制造牛奶盒、麦片盒、鞋盒及冷冻食品包装。

性能： ·光泽或哑光表面 ·硬度较大 ·防气体腐蚀 ·防油防潮

6. 金属纸 是将精细研磨过的云母晶体均匀涂在纸张上获得的，具有晶莹细腻的光泽。云母晶体经过充分研磨并不会在纸张表面形成颗粒感，保证纸面光滑平整。

4. 棉纸 由木浆加工而成，不含木质纤维，质地轻薄柔软，常用于包装内填充物或包装小件物品。

性能： ·柔软轻便 ·半透明质地 ·装饰性强 ·吸附性强

5. 滤纸 是由化学纸浆加工而成的无胶纸，有时会混入碎布纤维或进行湿强处理。

性能： ·湿强度高 ·多孔结构

3. 牛皮纸 是由硫酸盐纸浆加工而来的高强度纸张，主要用于制作包装袋。

性能： ·强度高 ·持久耐用 ·可漂白 ·不易印刷

优势：

· 灵活（可任意改变形状和结构）　　　　· 易于印刷　　　　· 轻便

· 环保（可再生，可循环，可降解）　　　· 节约成本

应用领域：

· 食品包装（咖啡、茶、零食、坚果、饼干、糖果、香料等）　　　· 服饰包装　　　· 谷物包装

7. 防油纸 是由未经漂白的纸张经过防油处理而来的，完全不会吸收油脂类物质，通常以张或卷为单位，主要用于包装含油产品或是保护产品不受油脂污染。

性能：· 防水防油

8. 湿强纸 经过浸渍、涂层、压层等处理工序，可达到防水防湿的功能，常用于制作包装袋，以确保包装材料在运输过程中遇到潮湿环境或冷凝现象时，依然具有足够强的韧性。

性能：· 防水防油

9. 和纸 的字面原意是"日本纸"，日本传统手工制作的和纸原料为雁皮树、三桠及构树树皮纤维，这三种树纤维都很长，形状也不规则，因此每张和纸都有自己独一无二的花纹。

性能：· 透明度高　　· 牢固耐久　　· 触感温暖　　· 纹理独特

10. 标签纸 通常分为单面涂层和双面涂层，印刷效果及质量较好。一般来说，标签纸适合做抛光、烫金或打孔处理，某些情况下还会经过湿强度及抗碱性方面的处理，从而达到粘贴后易于除去的效果。

性能：· 抗碱性

11. 蜡纸 的正反两面均有一层薄而均匀的蜡涂层，常用于包装易碎品、危险品或是容易被水破坏的物品。

性能：· 轻便　　· 表面无黏性　　· 防湿防潮

Atelier Special Edition

Sans&Sans 公司推出的草本茶包装采用了纯手工缝制的茶包，可
100% 生物降解。外部包装使用手绘图案注明产品类别，配色清新，
造型简洁优雅。

包装材料 = 茶包

设计师 = Andrés Requena
摄影师 = Koldo Castillo
客户 = Sans&Sans

DIZ-DIZ
Microwave Popcorn

DIZ-DIZ 爆米花的包装旨在打造高端的品牌形象。设计师以希腊神话的奥林匹斯山为灵感，确定了包装的颜色、材质以及美学价值。包装盒内有帕尔玛干酪、咖喱、肉桂和香草四种不同口味。包装盒选用了白色大理石花纹，配合金属箔烫金字，从而再次凸出强调了品牌的高端形象。

工作室 = TATABI Studio

包装材料 = 纸、金属箔

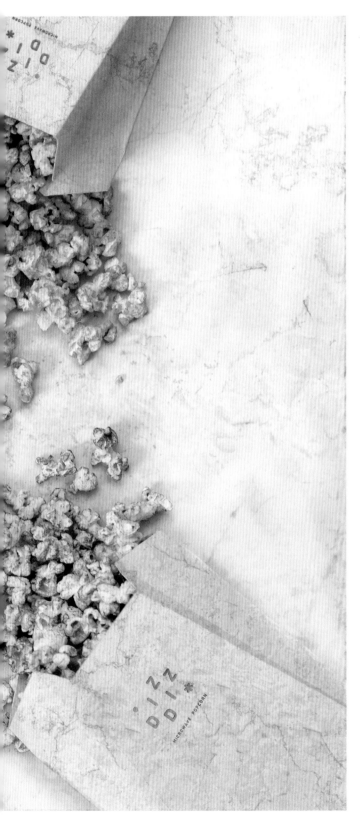

Wine Bag in Box

不论外形还是功能，Wine Bag in Box 都是葡萄酒包装的一次创新尝试。包装造型灵感来源于非陈酿葡萄酒清爽愉悦的特点，着重强调葡萄酒活泼轻松的一面。设计师摒弃了传统的方形包装盒，转而采用三角形折叠纸盒，可根据需求随意剪裁作为杯垫使用。包装顶部的把手方便携带，适用于各种休闲场合，免去了消费者为携带酒盒另寻提袋的麻烦。

包装材料 = 微孔卡片纸

工作室 = Nutcreatives

客户 = Viajes De Un Catador

EL TINTO
AL CUADRADO
RE-UTILIZABLE

VIAJES
DE UN —
CATADOR

Cemento Mochica

Cemento Mochica 品牌包装袋的灵感来源于秘鲁北部的莫奇卡文化，文化共性成了品牌与消费者中间的情感纽带。包装袋采用大地色和对角线分割图案设计，凸出塑造了莫奇卡战士的形象，在北方消费群体中寻找共鸣，反映品牌价值观。包装袋背面的使用说明模仿古代石壁画。设计师选择使用加粗线条和字体等平面设计元素弥补印刷工艺的限制，为包装袋打造出更牢固更耐久的质感，同时符合消费者对水泥产品的期待。

包装材料 = 牛皮纸

工作室 = Studio A
设计师 = Julio Ishiyama, Pau Casais
客户 = Cementos Pacasmayo

Anything

Anything 为传统日式围裙品牌，其包装选取传统的米袋纸作为材料，搭配标签、插图及绑带等细节，十分形象地向消费者展示了围裙的佩戴方法及实际效果。

包装材料 = 牛皮纸

工作室 = NOSIGNER
设计师 = Eisuke Tachikawa, Kaori Hasegawa
摄影师 = Kunihiko Sato

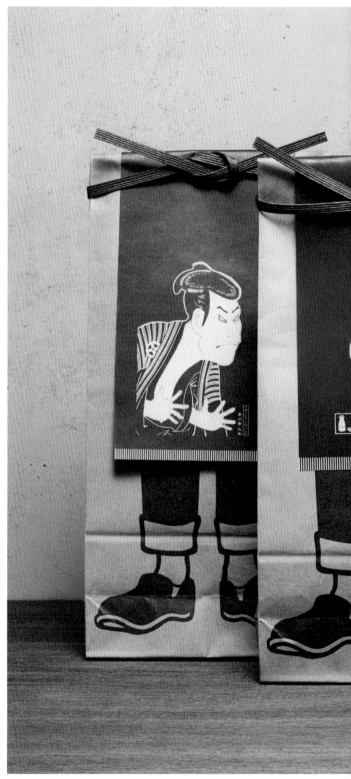

No Wine No See

在众多强调文化传承和产地葡萄酒之中，No Wine No See 的葡萄酒包装显得格外与众不同。Nio Ni 设计的一系列酒标呈现的是风趣明快的基调，表达出丰富的感觉和情绪。金色纹理纸为包装增加了几分设计感，最外层的四格漫画采用丝网印刷工艺进行印刷，漫画主题契合品牌名称，象征着每个人心中都有一个好久不见的人。

包装材料 = 纸

设计师 = Nio Ni

Daguyuan Pu'er Tea

打谷塬普洱茶产自云南景迈地区，包装材料采用富有景迈特色的棉纸，配合描绘当地地理气候风貌的平面图案，营造出独特的地域文化特色。

包装材料 = 棉纸

工作室 = Paisha Design

Kiln Oven Ham Workshop

Kiln Oven 火腿工坊的肉制品包装的核心理念，是与消费者进行有趣的交流对话。产品采用真空包装，外层用印有手绘图案的包装纸手工包裹，包装纸上的贴纸上带有手写的产品名称，所有元素都为产品增添了家的味道。

包装材料 = PE 涂层纸，麻绳

工作室 = YOUNIK DESIGN

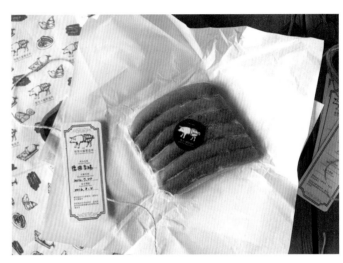

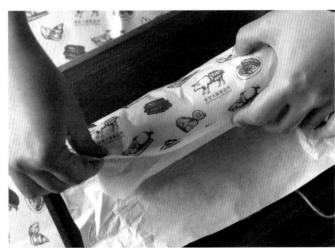
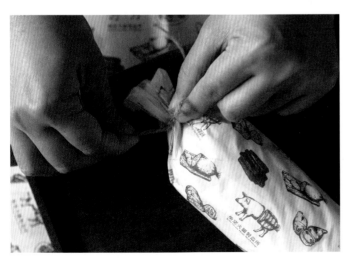

Los Playeros

Iglöo Creativo 工作室为答谢客户专门设计了一款纪念 T 恤。T 恤
包装绘有典型的西班牙海滩图案，配色干净清爽，营造出浓郁的
夏日气息。同时，包装袋的冰棍造型也令人十分惊喜。

包装材料 = 卡片纸、木条、哑光纸

工作室 = Iglöo Creativo

Dad's Pies

Dad's Pies 烘焙食品包装设计的主要理念是营造手工制作的感觉，摆脱过度加工或机械加工的印象。包装袋的主色调是灰蓝色，不仅可以衬托出烘焙食物的颜色，同时与其他同类产品相比具有较高的辨识度。比起透明塑料袋，浅褐色更能令人联想到传统纸质包装袋。设计团队也针对此类方便食品的食用场景做出相应设计，方便消费者在车上或是走在路上快速享用。包装袋上的卡通图案模仿父亲的角色，为产品增添了风趣幽默的意味。

包装材料 = 彩印纸

工作室 = phd3
设计师 = Cameron Robinson
创意总监 = Peter Roband

Kuchnia Pasjonata

Kuchnia Pasjonata 专注于当地生产商供应的优质产品。包装上种植园的照片表明它的起源和高品质，而前面的窗口可以清晰地显示包装内的产品，可以让客户更加放心。选用纸作为包装材料有利于产品保存的同时也有利于环保。

包装材料 = 纸

工作室 = Mamastudio
设计师 = Konrad Sybilski
客户 = Biedronka

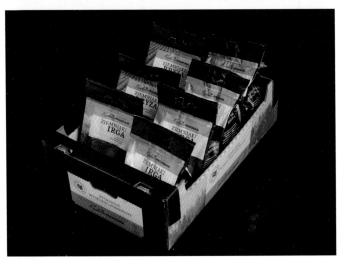

Future of Bacon Packaging

Future of Bacon 培根包装设计最大的挑战在于颠覆传统优质冷冻培根包装的方法。牛皮纸包装袋内层压有塑料衬层，可以进行真空保鲜，同时气密拉链可以在拆封之后重新封上隔绝空气。培根下面有蜡纸托盘，可从袋内轻松取出培根。包装袋采用可回收牛皮纸与塑料衬层结构，结实耐用。

包装材料 = 可回收牛皮纸、PE 膜

设计师 = Rachel Brown
客户 = Starpacks Student
Award Entry / Danepak

Danar

Danar 奶酪包装巧妙地将高加索文化传统与奶酪相融合，描绘出高山地区的人们在星空下宴饮歌唱的情景。设计师把奶酪变成一张张形状各异的桌子，赋予了产品传统的味道和美好的回忆。

包装材料 = 卡片纸、塑料

工作室 = Getbrand

Alter Brauch Craft Beer

Alter Brauch 精酿啤酒的包装袋设计采用了牛皮纸结合手绘图案
的方式，天然纤维编织的麻绳既是传统的装饰元素，也可以自然
地将包装袋固定在酒瓶外。酒瓶全部为手工包装，凸显出品牌尊
重酿造传统、遵守传统酿造方法的品牌价值观，同时强调了传统
手工艺的品质感。

包装材料 = 牛皮纸、玻璃、麻绳

工作室 = Pavlov's design
客户 = Stariy zavod

Kamonishiki Brewery

Kamonishiki 米酒酿造厂位于盛产稻米的新潟县，设计师使用装大米的米袋作为米酒瓶的包装材料，美观的同时也融入了地域文化特色。

包装材料 = 牛皮纸

工作室 = Suisei
设计师 = Kentaro Higuchi

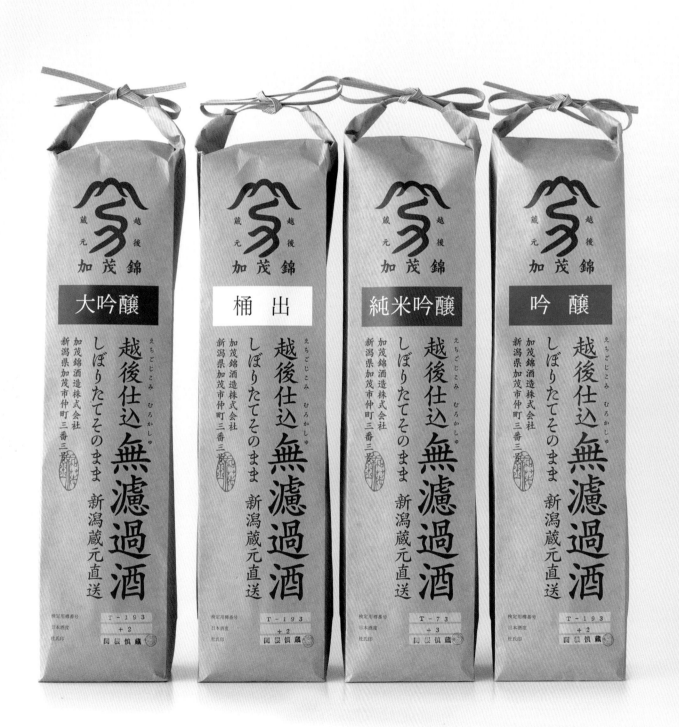

Nogamikousakusha

野上大米包装袋的每个细节都体现出自然的痕迹，插图和字体的整体风格传达出一种简单质朴的情绪，主色调象征着丰收的颜色，暗示优质的大米是来自大自然的馈赠。袋口部分俏皮又不失优雅地采用衣领造型，可以通过一根白色线绳收紧。

包装材料 = 牛皮纸（聚酯涂层）

工作室 = Design studio SYU
设计师 = Seiichi Maesaki

The Athazagoraphobic Cat

品牌名称意为"害怕被遗忘的猫"，灵感来源于 Arenberg 酒庄经营家庭养的猫"奥黛丽"。它喜欢紧跟在酒庄主人后面走来走去，它的这个小习惯通过插图活灵活现地展现在了酒瓶上。外包装采用与瓶身相呼应的条纹纸，搭配独特的字母标签和 Arenberg 酒庄的标志性红色丝带图案，将品牌背后的故事娓娓道来。

包装材料 = 纸

工作室 = Voice
设计师 = Kieran Wallis
客户 = d'Arenberg

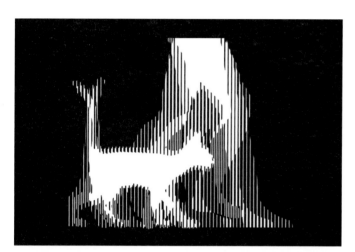

RE Olive Oil

RE 橄榄油出自著名的智利 RE 葡萄酒庄，品牌希望通过简单而独特的包装凸出产品的内在价值。设计师采用造型简单的玻璃瓶，配合纸质包裹，在打造产品个性的同时避免了不必要的支出。

包装材料 = 纸

工作室 = DEO
设计师 = Ismael Prieto
客户 = Bodegas RE

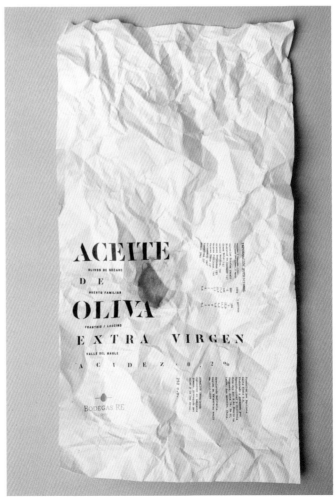

Aural-Visual Translation

这一款 CD 包装最大的设计挑战在于说服消费者购买实体 CD 而非网络下载。设计师以气泡信封为灵感，赋予了包装袋美学与功能性之外的附加价值。CD 盛放在一个折叠信封之中，完整打开之后会成为一张海报。设计师采用的包装纸材料质地较薄，可隐约显示出包装里的内容，激起消费者的好奇心，从而刺激购买欲。

包装材料 = 铜版纸

设计师 = Rosamund Chen

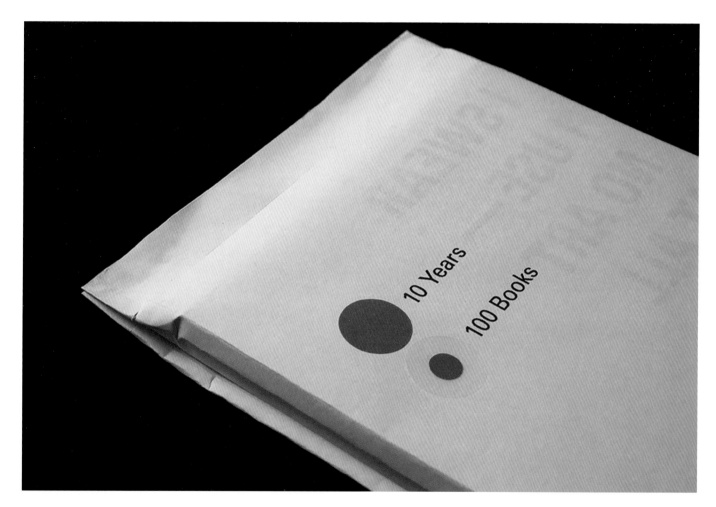

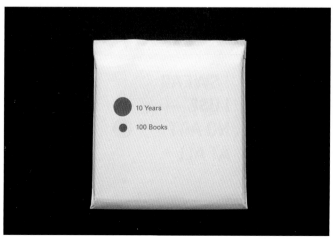

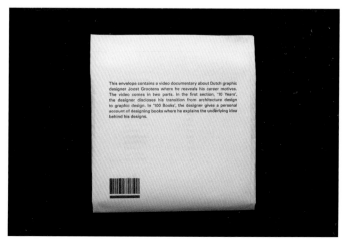

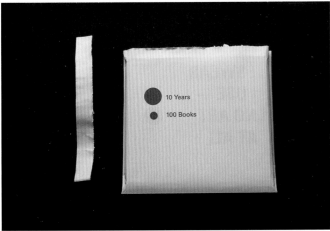

Choco & co Special Edition

Choco & co 巧克力包装灵感来源于世界各地著名城市的经典建筑材料，从独特的视角诠释了对于城市的理解。设计师为每座城市选择了一种经典材料和巧克力口味，例如马德里的石材配黑巧克力，令人印象深刻，赋予了产品更为深刻的意义。

包装材料 = 佛捷歌尼纸

设计师 = Isabel de Peque
客户 = Choco & co

PACKAGING

Sons of Christiania

Sons of Christiania（简称 SOC）是一个源于挪威的美国服装品牌，已有 100 多年的历史。它的品牌和包装设计带有浓厚的历史感——挪威的根源和美国的发展。其包装设计胜在细节和创意，设计师创造性地使用玻璃罐头瓶作为包装容器，想要拿到衣服必须打破瓶子，巧妙地体现出品牌理念中的冒险精神。

包装材料 = 牛皮纸、玻璃

工作室 = Reynolds and Reyner

创意总监 = Alexander Andreyev, Artyom Kulik

客户 = Jens Ingebretsen

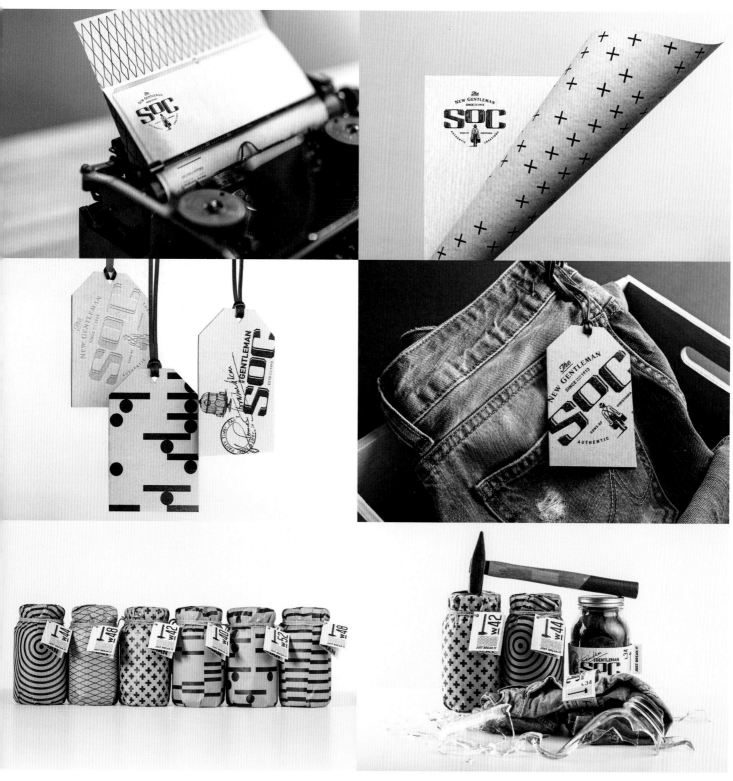

SOC Tokyo

日本袜子品牌 SOC 的包装袋来源于日本传统折纸艺术，可以在不破坏外观的情况下打开包装，同时可以灵活调整容纳各个尺寸的袜子，并且方便展示产品样式。包装袋结构紧凑，达到纸张利用效率最大化，可重复使用，正如 SOC 产品本身一样物美价廉。

包装材料 = 压纹纸、棉绳

设计师 = Keiko Akatsuka & Associates
客户 = Old Fashioned Co.,Ltd.

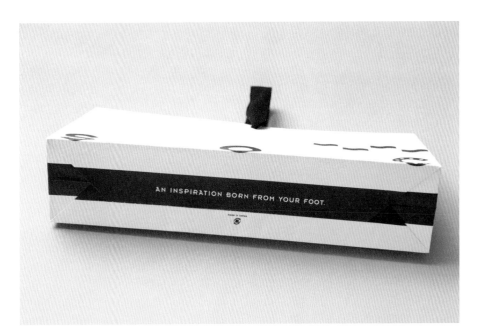

Setouchi Chocolate

Setouchi 巧克力饼干为濑户内地区售卖的旅行纪念品，全部采用当地原料制作加工而成。设计师采用了与日本传统和纸纹理相近的包装材料，配合镂空的海岛和太阳等图案，为消费者带来更为立体的欣赏效果。

包装材料 = 铜版纸

工作室 = Grand Deluxe
设计师 = Koji Matsumoto
客户 = Ichiroku Co.,Ltd.

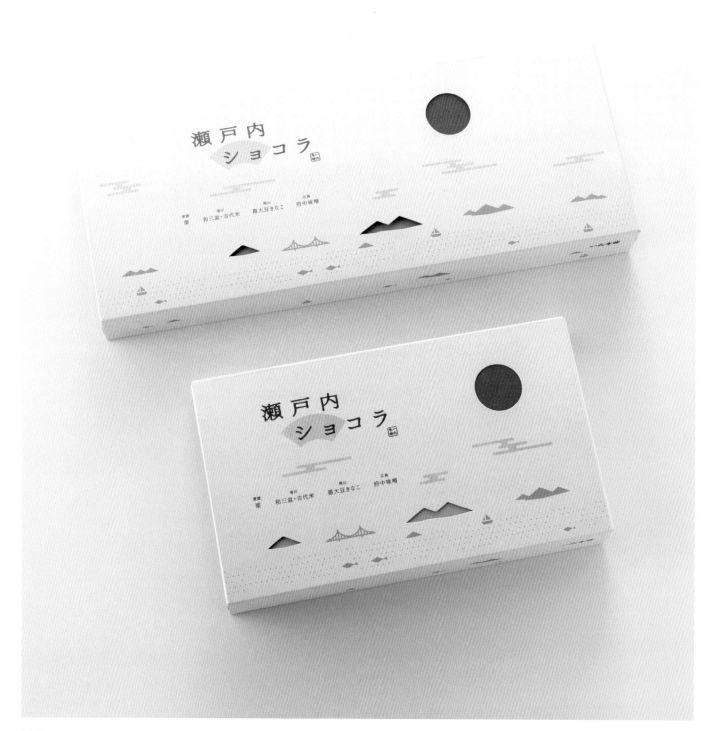

包装材料 = 铜版纸

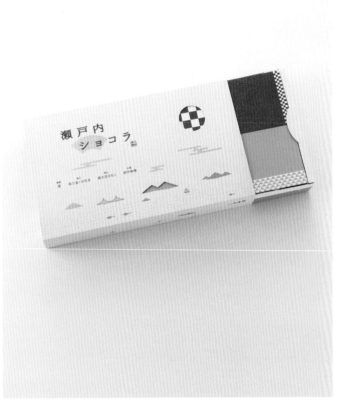

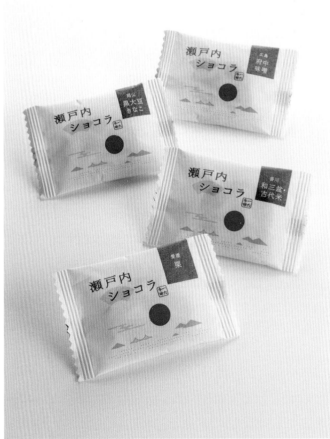

DEVOUT. Champagne

DEVOUT. 香槟包装的灵感来源于一位自由随性、四处漂泊的年轻人，设计师意图打造出富有现代感、甚至带有未来主义色彩的包装造型，从而使传统印象中的高端饮品更符合当下年轻消费群体的需求。可折叠卡片纸搭配三角形几何图案不仅美观，而且具有很强的实用性。

包装材料 = 卡片纸

设计师 = Jessica Sjöstedt, Jasper van Wolferen, Julia Ohem

Wool Coated Soap

葡萄牙天然有机化妆品品牌 Bio4 Natural 推出的羊毛毡香皂，原料 100% 采用匈牙利绵羊毛，为凸出精湛工艺与天然原料相结合的品牌理念，设计师采用了简洁明快的包装风格，封口处花纹模仿手工针线缝制痕迹，说明文字采用热箔冲压工艺进行印刷，整体效果清爽美观。并且包装袋采用的透明纸不含塑料或抛光涂层，避免过度加工的同时更加有利于环境。同时，消费者可以通过包装正面的圆孔对产品有更为直观的感受。

包装材料 = 半透明纸、棉绳

工作室 = Patrícia Freitas
设计师 = Musse Ecodesign
客户 = Bio4 Natural

Furumachi Kouji—Pongashi/Koujiame

Furumachi Kouji 公司推出的糖果和年糕包装造型清新可爱，设计师采用日式传统花纹作为装饰元素，搭配亮丽的颜色和随意的排列方式，令传统图案充满现代气息。包装袋充满气体后，如同一个彩色的纸气球，非常惹人喜爱。

包装材料 = 和纸（内有塑料压膜）

工作室 = AWATSUJI design

Sustainable Expanding Bowl

这款包装由瑞典 Innventia 公司研发，专为冷藏—脱水食品而设计，使用 100% 可降解的生物基材料。该包装可在运输过程中处于压缩状态，从而节省空间。当加入热水后，材料在热量作用下发生反应，由压缩状态膨胀为碗状进行使用，巧妙地将科学家的技术与设计师的创意融为一体。

包装材料 = 100% 可降解纸

工作室 = Innventia,Tomorrow Machine
设计师 = Anna Glansén, Hanna Billqvist

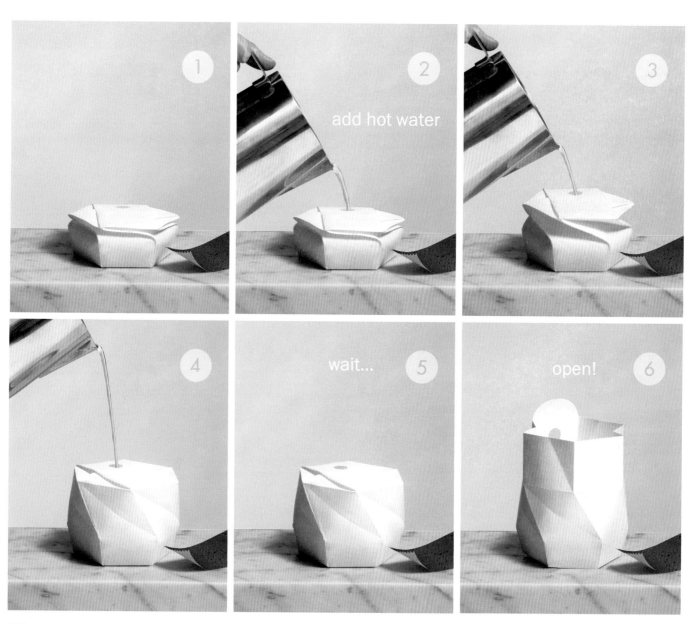

Pear Eco

Pear 是澳大利亚进口的有机产品品牌，品牌理念来源于中国台湾饮食均衡健康的营养搭配方法。产品包装的主要目的在于向消费者传达"信任感"，在天然生长与高质量标准之间找到平衡。产品包装的颜色、材质和印刷工艺都是针对台湾市场而定制，质朴而富有现代感。

包装材料 = 纸、塑料

工作室 = Futura

包装材料 = 纸、塑料

171

Valnut

Valnut 胡桃坚果包装的灵感来源于生物学家记录当地花卉植被的野外考察笔记，通过手绘插图和文字说明向消费者讲述产品背后的故事，让消费者了解胡桃生长地和加工工艺。包装袋正面的矩形透明窗口直观地向消费者呈现胡桃的真实品质，透明窗口上的线形花纹也散发出自然的气息。

包装材料 = 纸

设计师 = Pablo Guerrero Gómez
插画师 = Pablo Pino
客户 = Granja San Blas S.L.

Bedoening Thee

Bedoening 茶叶包装的主要目的在于强调消费者可以亲自选择茶叶品种，配制属于自己的混合茶。包装采用极简风格，造型简洁但功能齐全，可以很好地保存产品不会变质。象征土壤的褐色色调搭配卡片纸的质感以及手写标签，共同营造出质朴自然的风格，与产品本身相呼应。

包装材料 = 竖纹牛皮纸、白纸

设计师 = Kim Antonissen
客户 = Theetuin het Bedoeninkje

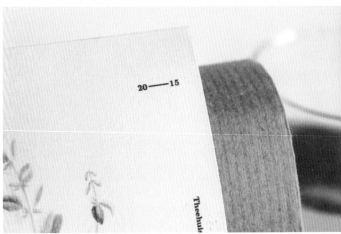

Shirokuma no Okome

Shirokuma（日语，意为"北极熊"）大米包装的设计灵感正是来源于"北极熊"，目的在于给消费者带来温暖的感觉，同时表现出产品温和的特性。纸质包装从视觉上给人以自然的印象，北极熊图案的米粒型鼻子为包装增添了一丝俏皮感。包装袋顶部缠绕的绳结使包装兼具实用性。

包装材料 = 牛皮纸

工作室 = Frame inc.

设计师 = Ryuta Ishikawa

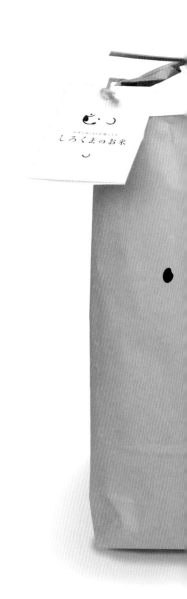

包装材料 = 牛皮纸

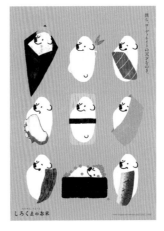

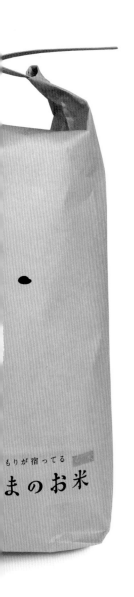

Mesa Baja Grisalon Agroindustria

包装材料 = 再生纸

设计师 = Milos Milovanovic
客户 = Grisalon Agroindustria SAS

Grisalon Agroindustria 旗下的 Mesa Baja 是蔗糖类产品的专门品牌，推崇天然有机及可生物降解的理念。产品包装旨在打造全新的品牌形象，着重强调哥伦比亚地区肥沃土壤和农民的重要性。包装整体选用复古风格，蓝色徽章图案为包装带来优雅精致的感觉，表达了品牌对于传统和农民的尊重。包装均采用可再利用及可降解材料。

Unwrap Your Voice

插画师 Julien Canavezes 为 Ricola 草本止咳润喉糖创作了一系列妙趣横生的包装插图。润喉糖的包装方式令人联想到喉咙肿痛时的感觉，而打开糖果的过程仿佛让人感觉喉咙的疼痛也慢慢消退。

包装材料 = 纸

工作室 = Jung von Matt/Alster
插画师 = Julien Canavezes

Ahab

Ahab 推出的限量版 T 恤采用了一款独特的原创包装袋，以木材和纸为主要材料。其中包括一个木制的鲸鱼骨架，外面包裹有一块印花涂层纸，结合在一起构成了"大鱼上钩"的有趣造型。整个包装将艺术、设计、手工艺、包装功能与插画糅合在一起，为包装带来与众不同的感觉。

包装材料 = 纹理纸

工作室 = eskju | Bretz & Jung

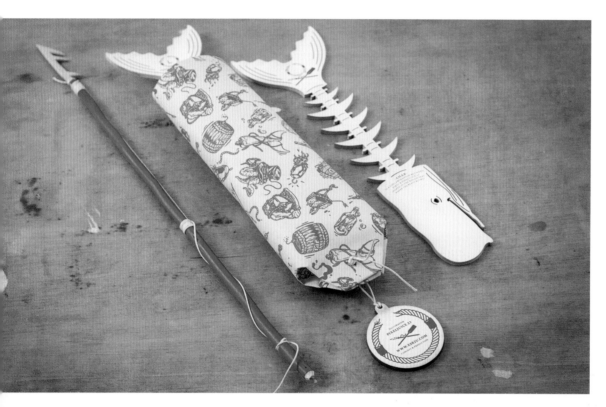

包装材料 = 纹理纸

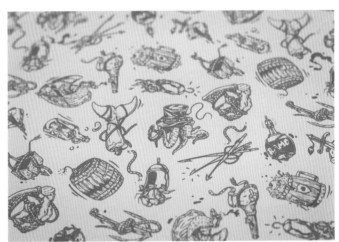

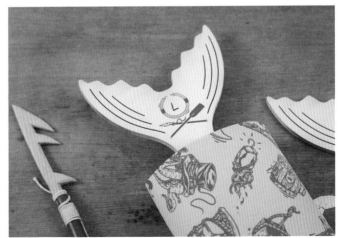

151E (Ichi-go Ichi-e)

151E 茶社位于日本福冈，专门出售日本各县出产的茶叶。产品
均采用极简风格的纯白色包装，外形朴素简单，每款茶叶包装的
标签颜色不尽相同，是模仿源产地代表性鸟类的羽毛颜色而设计。

包装材料 = 纸

工作室 = DEE LIGHTS & Planning ES

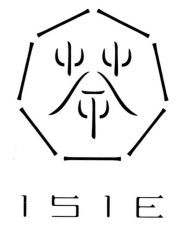

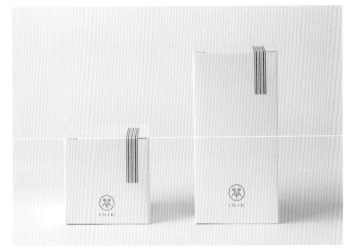

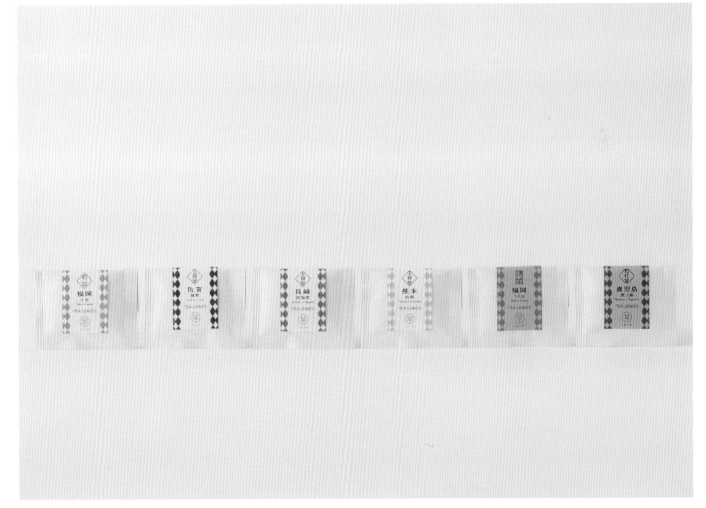

Hiru Zen Kou Gei

蒜山耕艺是日本冈山的一家专营天然食品的公司，耕种过程不使用杀虫剂和化肥，完全按照自然规律生长。为契合产品天然无添加的特点，设计师选用了常见的包装袋，袋上没有任何装饰以凸显书法艺术的美感，打造出极简的设计风格。

包装材料 = 聚酯树脂涂层牛皮纸、PP 膜

工作室 = Design studio SYU
设计师 = Seiichi Maesaki

Pams Private Label Flour Range

Pams 面粉的包装风格清新而生动，包装袋上印有大家熟悉的烘焙工具图案，搭配精美的纺织物纹理背景，准确地捕捉到人们对烘焙的热爱之情。活泼大胆的手工字体搭配自然的配色，赋予了面粉品牌健康营养的形象。

包装材料＝纸

工作室 = Brother Design
设计师 = Paula Bunny, Angela Keoghan

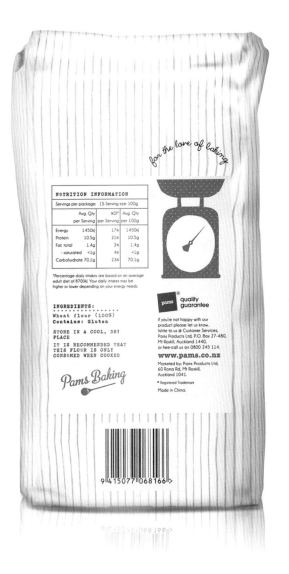

Arminius Brot

Arminius Brot 是一家历史悠久的烘焙食品品牌，热衷于传统手工艺和原材料，坚持传统与现代烘焙方法相结合。包装袋采用牛皮纸材质的立式包装袋，透明部分旨在吸引消费者关注面包本身的层次纹理。包装袋右上角的褪色印章图案象征着对产品质量的保证和肯定，彩色标签为整个设计增添了几分现代感。

包装材料 = 牛皮纸、食品级可循环纸

工作室 = 12ender
创意总监 = Marc Wnuck
设计师 = Mona-Lisa Friedrich
客户 = Bäckerei Arminius

Roastorium

Roastorium 烘焙咖啡豆的包装袋插图描绘了咖啡豆从采摘、运输到烘焙、包装的整个过程，三种深浅不一的颜色用来指代轻度烘焙、中度烘焙和重度烘焙三种烘焙程度，创造出一种简单易懂的产品语言与消费者进行交流。由于 Roastorium 一直在世界各地寻找优质的咖啡豆品种，因此设计师也设计了相应的贴纸标签，可供注明亚种名称或生产日期等信息。

包装材料 = 多层复合压膜

工作室 = Weekday Studio
创意总监 = Nina Hans
插画师 = Travis Bailey
设计师 = Rachel Thompson

Funazushi

Funazushi 是日本滋贺县的传统鱼类食品，其包装袋中部的镂空网状结构在装入产品时会张开，令人联想到渔网和鱼骨架，同时提手部分采用鱼尾鳍形状的设计，与产品内容及镂空网状设计相结合，形成相互呼应的整体效果。

包装材料 = 纸

工作室 = Masahiro Minami Laboratory
创意总监 = Masahiro Minami
设计师 = Shuji Hikawa
客户 = Kimura Suisan Co., Ltd.

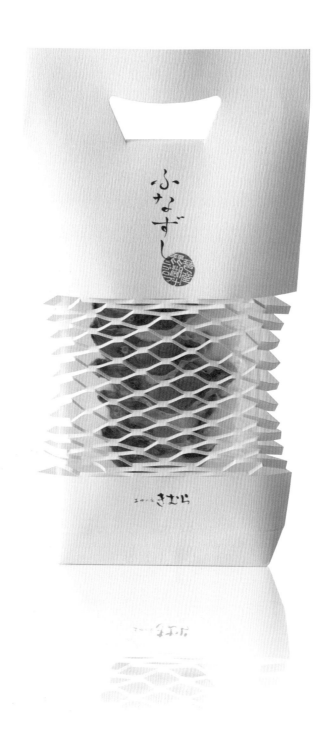

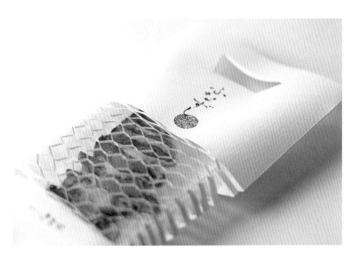

Swaha Perfumery

Swaha Perfumery 香氛包装设计旨在在趋于饱和的印度市场中脱颖而出，给消费者留下富有现代感的全新印象。每一款香氛包装均以不同的植物插画作为装饰图案，在标明香氛味道的同时凸出了产品纯天然的特点。牛皮纸袋提升了整个外观的品质感。

包装材料 = 牛皮纸、白纸、棉线、粗麻布

工作室 = PBnJ studio
设计师 = Mrunal Bhavsar

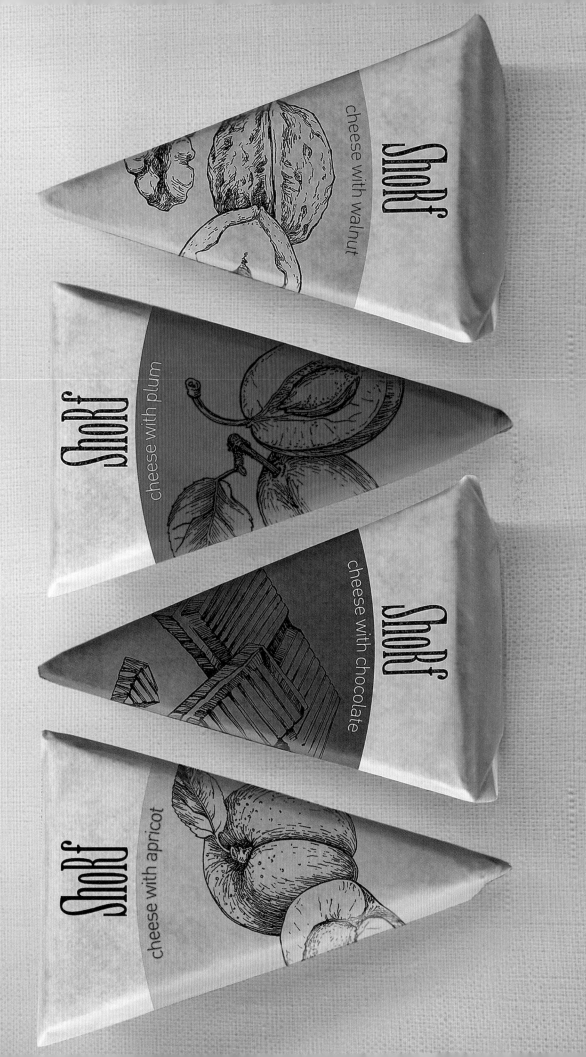

Happy Cappy

Happy Cappy 是墨西哥的冰棒品牌，其包装通过亮丽的色彩、风趣的水手主题插图以及可爱的字体，令消费者联想到无忧无虑的快乐时光。冰棒采用透明塑料袋进行包装，显示出产品本身的颜色，给人以清新凉爽的感觉。

包装材料 = 卡片纸、塑料

工作室 = Futura

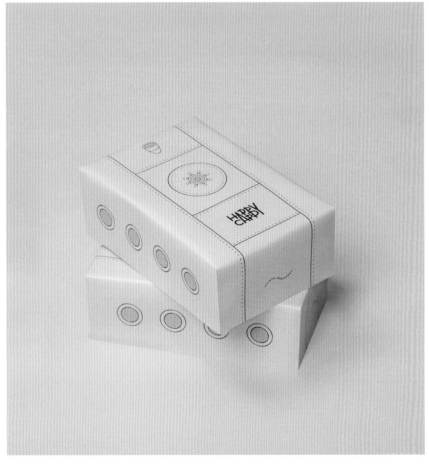

Ethiopian Spices

为了与调味料本身的色彩相匹配，包装袋设计采用了相应的暖色调，同时运用充满活力的花纹营造出异国情调。包装设计有三种尺寸，大号包装袋、中号立式包装袋以及小号调味瓶。调味瓶的瓶颈处以及包装袋背面均附有调味料的最佳烹饪方法。

包装材料 = 哑光纸

工作室 = Beatrice Menis Design

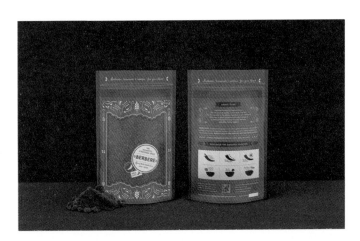

Svenska LantChips

Svenska LantChips 薯片的新包装在带来新形象的同时，也保留了品牌原来的标志性元素。新包装并没有像同类产品一样，选择在外观上使用薯片图片，而是采用了土豆生长的插画，凸出了有机食品这一特点。整体设计外观着重强调薯片的健康和本真，同时颜色亮丽的口味说明在柔和的背景中十分抢眼。

包装材料 = 层压纸

工作室 = Beatrice Menis Design

Glacier Coffee Roasters

Glacier 烘焙咖啡豆品牌为呼吁人们关注南极洲环境问题，特别推出了新系列包装。每一款咖啡豆采用一种南极洲动物作为插画形象，从而使整个系列在视觉上形成统一的风格。包装材料选用黑色牛皮纸，在色彩上与品牌主题相呼应。袋口标签由一根手工绳固定，附有环境保护的相关信息。

包装材料 = 牛皮纸、手工绳

设计师 = Mari Eguchi

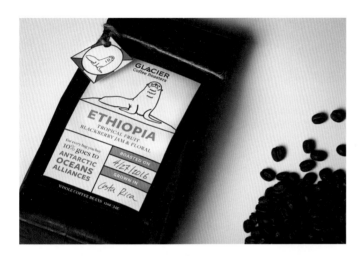 

Samba Café Coffee Roasters

Samba Café Coffee Roasters 新推出的咖啡豆系列采用简单的立式纸袋，不同咖啡豆种类通过不同的颜色标签进行区别。标签下方的留白部分可供打印具体商品信息，方便实用且不会破坏包装设计的美感。

包装材料 = 牛皮纸、哑光标签纸

工作室 = SUSAMI Creative Agency

Sentos—Extra Virgin Olive Oil

Quinta das Almoinhas 旗下的 Sentos 专门生产优质初榨橄榄油，产品包装采用黑色玻璃瓶及黑色丝绢纸，防止阳光照射影响橄榄油的口感。丝绢纸的封口处贴有一枚带有品牌标志的贴纸，使包装整体的形象保持简洁美观。

包装材料 = 丝绸纸

设计师 = David Matos
摄影师 = Jos é Miguel Teles
客户 = Quinta das Almoinhas

Drygate Brewing Company Limited Edition

Drygate 是英国的先锋人工酿造啤酒品牌，一周年限量版系列的包装由 D8 工作室与格拉斯哥艺术学院的毕业生共同完成，酒瓶外的包装纸和包装袋采用字典纸，插图均出自艺术学院学生之手，具有独特的艺术价值。包装纸利用贴纸密封固定。

包装材料 = 圣经纸（ 40gsm ）、玻璃

工作室 = D8 Ltd

摄影师 = Mark Hamilton

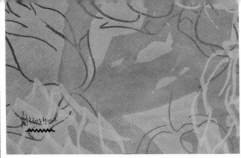

Bolshaya Pol'za

Bolshaya Pol'za 面粉的包装设计灵感来源于信息图表。包装袋正面印有烹饪食谱，可供消费者做参考。包装袋侧面印有度量尺，可以帮助控制使用量。包装袋的色彩选择来源于面粉原料的颜色，帮助消费者快速区分豌豆粉、玉米粉、荞麦粉和米粉，同时单色印刷更有利于节约成本。

包装材料 = 湿强纸

工作室 = Fresh Chicken

рисовая мука 🌰

кукурузная мука 🌰

из этой упаковки муки можно приготовить:

50 печений
7 мантов
10 рисовых котлет
1 пирог
7 пончиков
2 бисквита

1 кг

рисовая мука

из этой упаковки муки можно приготовить:

2 порции поленты
8 кексов
2 пудинга
8 порций запеканки
4 тортильи
4 порции каши

1 кг

кукурузная мука

Katara

Katara 烧烤调味产品包装的材料为素描纸，是非常与众不同的选择。所有素描纸在使用之前都经过一系列的处理工序，浸染之后揉成纸团，再展开干燥熨烫平整，这样处理之后不仅更牢固耐撕扯，还可以使纸张纹路更平整，有利于印刷着色。

包装材料 = 素描纸

设计师 = Megan Sornson

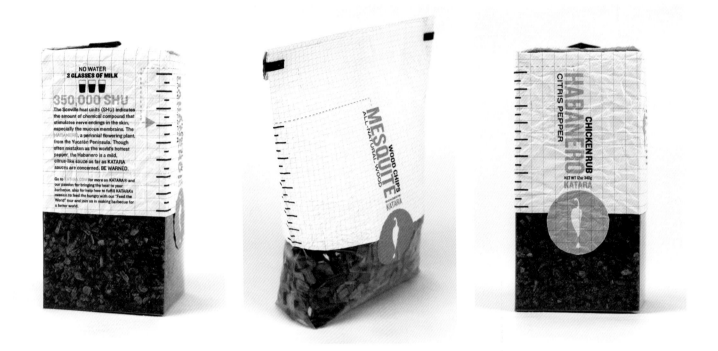

Who Gives a Crap

Who Gives a Crap 为可循环卫生纸，将销售收入的 50% 捐献给发展中国家修建卫生厕所。包装设计采用清新俏皮的色彩和图案，配合跟"方便"有关的双关语，旨在把一件原本并不愉快的事情变得更加有趣。该产品共含有五个独立包装，其中红色为"警告"包，提醒消费者需要购买补充新的卫生纸。

包装材料 = 再生纸

工作室 = Swear Words

铝箔

铝是一种银白色、延展性极好的轻金属，铝箔厚度一般不超过 2 毫米 （7.9 密尔），6 微米（0.24 密尔）的薄片也有广泛应用。铝箔具有高阻隔性，可以有效避免光照、氧化、串味、受潮或滋生细菌的情况发生。铝箔材质的包装在食品行业运用最为广泛。

性能 & 优势：

质量轻 · 气密 · 防菌 · 可与各种塑料薄膜及纸等复合

无毒无味 · 防潮 · 延展性好

遮光性好 · 保香 · 装饰性强（金属光泽）

应用领域：

食品包装（酱料、糊状物、果酱、巧克力、黄油、点心、奶酪及冰激凌等乳制品）

药品包装

关于铝：

英文中铝 Aluminium 源于拉丁词根"alum"，意为"苦涩的盐"；

铝是排在氧、硅之后地球上存在量第三位的元素；

铝制易拉罐从废弃、循环利用到再次售卖的周期最短只需要 60 天；

铝在历史上曾经是比黄金还贵重的"贵金属"，传说拿破仑三世曾用铝制餐具招待最重要的贵宾，而普通宾客则是用金质餐具；

金属铝是地球储备量第二大的金属，约占地壳组成部分的 8.3%。

Biggans Böcklingpastej

Böcklingpastej 是历史悠久的家族企业 Biggans 推出的一款烟熏鲱鱼酱。设计师别具匠心地采用一条鱼的图案作为外包装，不仅有效利用了管状结构细长的特点，同时与产品内容相呼应。象征大海的蓝色与黑色线条相得益彰，包装盒底部绘有海洋的图案，随着产品的消耗，包装盒在越来越空的情况下依然十分美观。所有元素结合在一起，使得整个包装设计犹如一件精美的手工艺品。

包装材料 = 铝、瓦楞纸

工作室 = Bedow
设计师 = Perniclas Bedow, Fibi Kung,
Mattias Amnäs, Anders Bollman
客户 = Superb Produkt

Biokura Cereal Bar

充满趣味的图案呈现出谷物棒的原料，手绘风格表现出传统手工制作配方的优良品质，日本纸的质地营造出高品质感。整个包装如同可口的视觉点心。

包装材料 = 纸、铝沉积 PET 膜

工作室 = IFF COMPANY inc.

设计师 = Ving Takahashi

客户 = Biokura Syokuyou Honsya

Biokura Dried Vegetables Drink

这一款蔬菜饮料的包装袋采用铝沉积膜材料，有效保护包装袋内产品免受紫外线伤害。同时，纸质标签上印有原材料图片，弥补了不透明包装袋无法看到产品内容的不足。标签排版轻松随意，如同好友聚会时的氛围。

包装材料 = 纸、铝沉积 PP 膜

工作室 = IFF COMPANY inc.
设计师 = Ving Takahashi
客户 = Biokura Syokuyou Honsya

Canna Chocolade

Canna Chocolade 牛奶巧克力包装的设计灵感来源于元素周期表。每款巧克力包装上的字母符号为产品名称缩写，造型模仿元素周期表中的元素名称。极简的几何线条设计配合文字说明，清晰地向消费者传达出产品具有改善情绪的效果。

包装材料 = 铝、纸

工作室 = Corn Studio
设计师 = Vassia Kalozoumi

包装材料 = 铝、纸

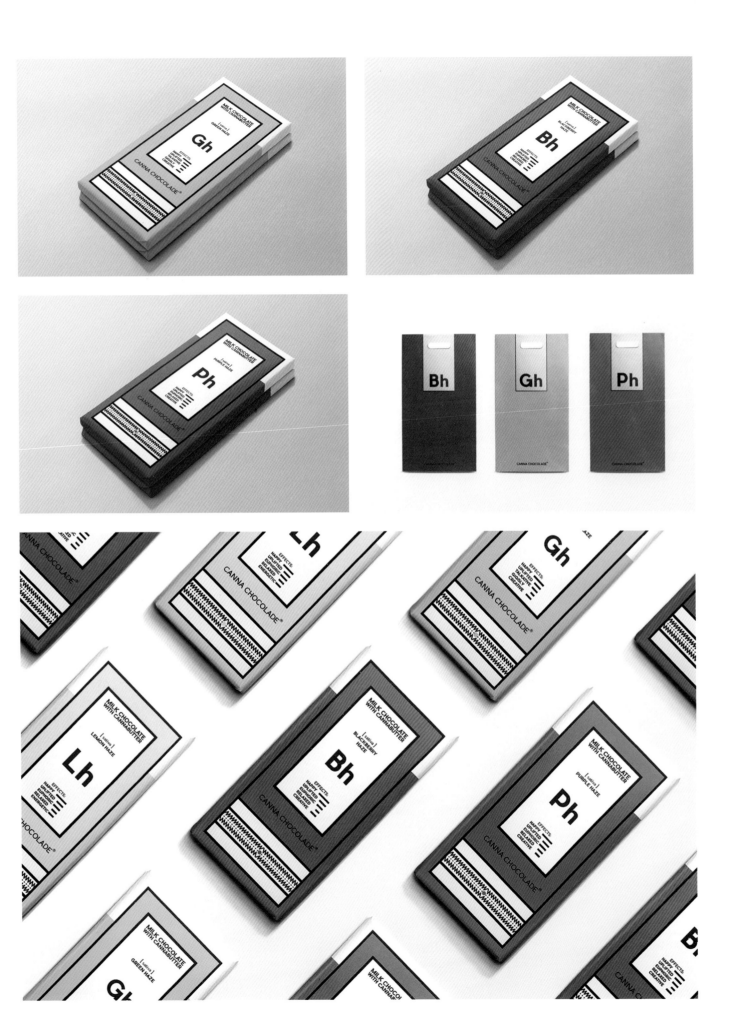

KOKOMO

爱沙尼亚烘焙咖啡品牌 Kokomo 使用的咖啡豆原料，如同快递包裹一样从世界各地运输而来。设计师以此为灵感，采用国际邮递包裹为系列产品包装模板，有效降低了包装成本和使用后废弃物。邮票图案用来标记咖啡豆原产国，贴纸注明产品信息。邮票加贴纸的组合保证了系列产品包装的统一性。

包装材料 = 哑光铝箔、纸

工作室 = AKU

设计师 = Uku-Kristjan Küttis，Ryan Chapman

Sultry Sally

Sultry Sally 低脂薯片的包装插图延续了 20 世纪 40 年代的 Vargas Girl 风格，在食品包装领域是一次全新的尝试。插图凸显出低脂健康的特点，增加了品牌的品质感和个性态度，从现有的同类产品包装中脱颖而出。

包装材料 = 铝箔

工作室 = The Creative Method

Over the Moon

Over the Moon 高级奶酪采用手工包装，赋予产品亲切友好的形象，同时包装设计图案富有现代感，令产品从货架上脱颖而出。包装背面印有手写字体的"Hey Diddle Diddle"童谣歌词，带给消费者温暖感觉的同时，传达出奶酪制作过程中妈妈般用心的心意。

包装材料 = 铝箔、蜡纸

工作室 = The Creative Method
客户 = Over The Moon Dairy Co.

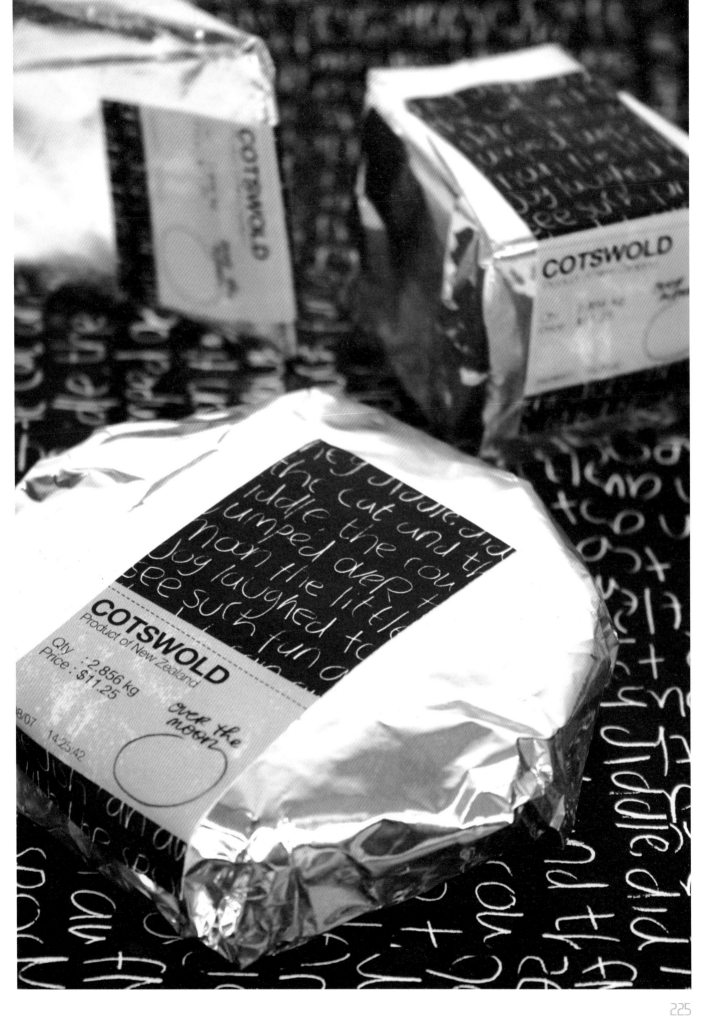

Static Coffee

Static Coffee 推出的新咖啡系列，力图通过包装袋展现出咖啡豆的优良品质。风格统一的包装形式适用于同系列的多款产品，同时包装袋可根据客户需求进行封口。铝箔包装袋经过多层油墨印刷及表面光泽处理，插图和字体精致美观。

包装材料 = 铝箔、标签纸

工作室 = Farm Design
创意总监 = Aaron Atchison
设计师 = Christine Gonda
客户 = Espresso Republic

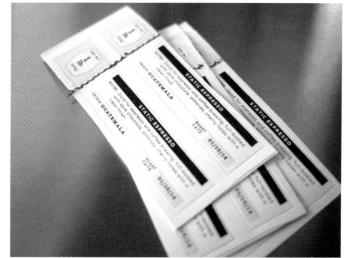

Yablokov

Yablokov 水果干系列，经由特殊干燥技术加工而成，最大限度地
减少了维生素和微量元素等营养的流失。它的包装设计反映了这
一干燥过程，以此来突出产品营养、有机、健康的一面。

包装材料 = 多层箔

工作室 = BRANDEXPERT The Freedom Island
客户 = LLC Trade House "Yablokoff"

纤 维

纤维材料具有灵活易塑型的特点，通常由天然纤维或人工合成纤维经过纺织、制毡或编织而成。

优势：

·易着色　　　·强度大　　　·不可拉伸　　·可循环利用

·着色持久　　·易于处理加工　·环保　　　　·美观

种类：

1. 棉布

棉纤维属于天然纤维，质地柔软蓬松，作为包装材料有利于保持包装内环境干燥。

性能：　·天然舒适　·柔软　·吸附性强

应用领域：　·珠宝首饰　·纸制品　·服饰　·鞋履　·玻璃制品　·洗护美容产品　·产品套装　·茶、咖啡等包装

2. 黄麻

黄麻纤维是天然蔬菜纤维，纤维较长，质地柔软有光泽，是最为结实耐用的纤维之一，同其它粗纤维一样，非常适合做麻袋、麻绳、包裹等。

性能：　·性价比最高的天然纤维　·结实耐用　·可印染或漂白

应用领域：　·谷物　·咖啡豆　·可可豆　·茶叶等包装

3. 帆布

凡布是极其结实的平纹纤维织物，可以满足对高强度材料的要求。现在使用的帆布通常为棉或亚麻织物，而过去多用大麻纤维。最常见的两种是平纹帆布和密纹帆布。

性能：·环保 ·耐用 ·可循环利用 ·可印刷 ·强度大

4. 网

网是一种编织缝隙较大的纤维织物，种类繁多，常见的有泡沫网袋、塑料网、尼龙网等。编织方法和纤维种类都会影响网的牢固程度。

性能：·美观、颜色多样 ·化学性质稳定 ·便于携带及储藏
·可循环利用 ·节约成本 ·可用于冷藏

应用领域：·蔬菜 ·水果 ·玩具 ·球类等

5. 尼龙

尼龙是人工合成纤维，原料为聚酰胺纤维，由二胺化合物与二羧酸反应形成的细丝编织而成，是煤炭、石油及农产品的化学反应副产品。尼龙纤维用途广泛，不论是单独使用还是与其它纤维混纺都很受欢迎。

性能：·价格低廉 ·强度大 ·有效隔绝气味气体 ·耐磨 ·抗皱
·弹性大 ·耐热 ·易于染色

应用领域：·茶包 ·服饰等

Ceremony of the Traditional Festival of Japan

该包装为日本四国岛传统节日而设计，将传统与创新相结合。包装主体原型为庆典用的松木桶，木桶用麦秆编织包裹起来。设计很好地平衡了工匠精神、传统文化与现代感之间的关系，运用现代设计令传统日本文化焕发活力。

包装材料 = 绳、木桶、麦秆

工作室 = Yuta Takahashi
设计师 = Yuta Takahashi
书法作品 = Mami

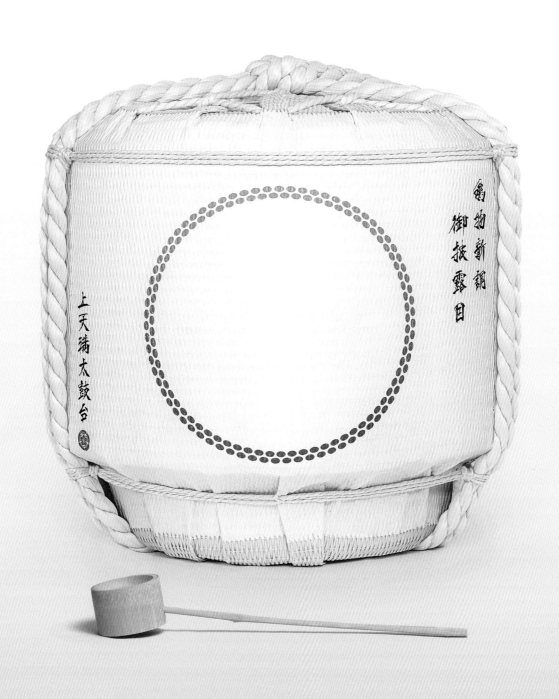

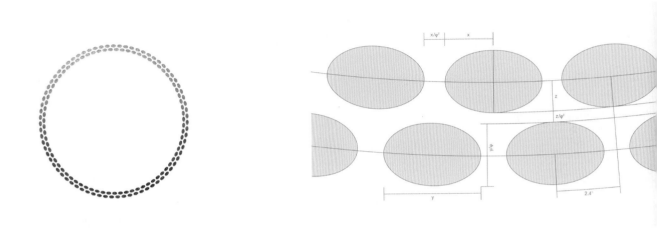

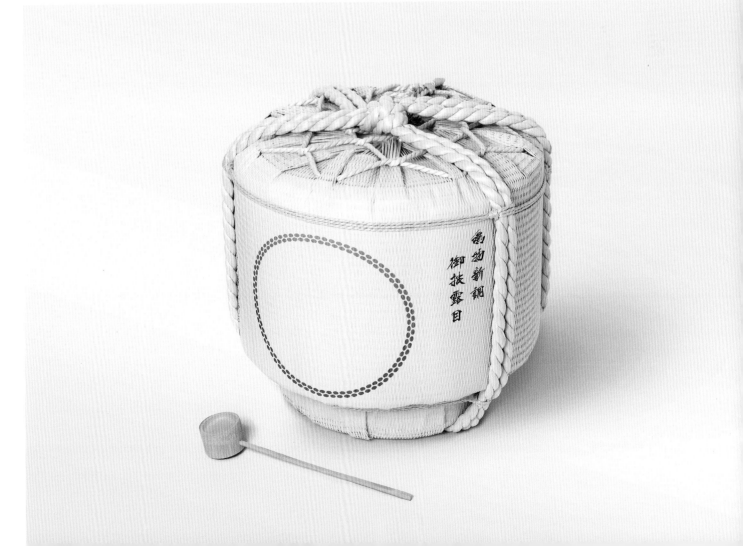

Media Naranja

Media Naranja 是专门设计制作袜子的品牌，包装采用网状帆布袋，在方便收纳的同时，还可以充当洗衣袋的作用，避免了袜子在洗涤或收纳过程中丢失的问题。

包装材料 = 帆布、纸

设计师 = Maria Sanoja

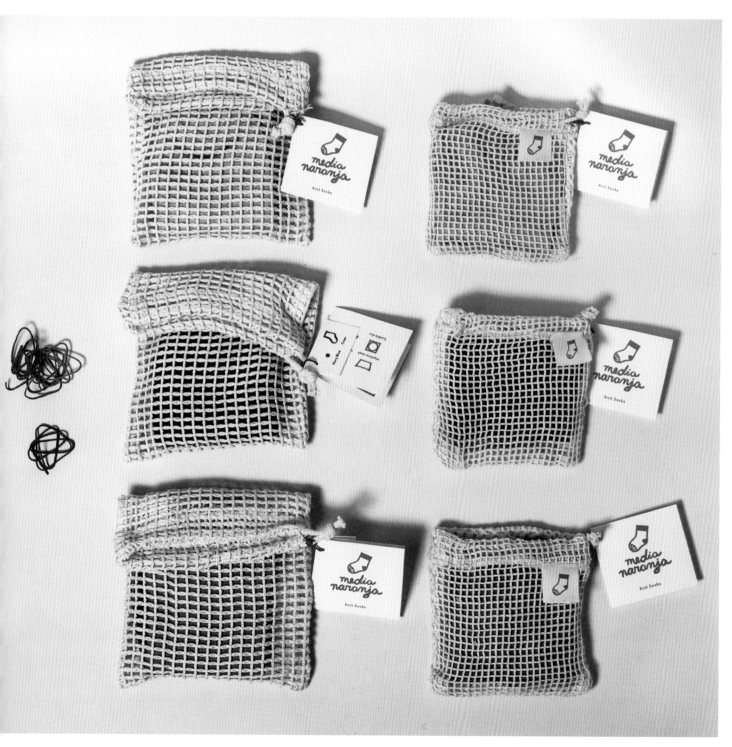

Organic Fairtrade Coffee Range

不同的咖啡豆产地具有各自独特的气候地理条件，造就了咖啡豆的不同风味。例如，秘鲁对咖啡豆影响最大的是海拔，苏门答腊的是降雨量，而埃塞俄比亚的是温度。Organic Fairtrade 针对不同产地的咖啡豆，包装上绘制的抽象图案代表产地的突出气候地理特征。设计师选用棉布袋作为包装，不仅带给消费者难忘的材质触感，同时强调了咖啡豆天然生长和手工烘焙的特点。

包装材料 = 棉布

工作室 = Voice
设计师 = Anthony De Leo, Shane Keane
客户 = Rio Coffee

Al Rifai Nuts

Al Rifai 创立于 1948 年，从创立伊始就坚持使用黎巴嫩传统配方
搭配现代技术烘焙坚果、咖啡豆及谷物。包装采用的是麻布袋，
这是保存坚果避免防潮的传统方法。纸质标签上绘有现代风格的
插图，字母 R 型的镂空设计不仅代表品牌名称，同时作为把手可
方便携带，兼具美观性与实用性。

包装材料 = 麻、卡片纸

工作室 = Zan Design Agency
设计师 = Afra Alsammahi

The chocolate fish

新西兰巧克力品牌新推出的"巧克力鱼"，是针对儿童设计的一款概念性产品。巧克力包装模仿传统的沙丁鱼罐头罐，外面包裹一层白色的渔网，便于携带的同时也凸显出手工制作的质感。白色渔网搭配蓝色线绳，给人以明亮纯净的感觉。

包装材料 = 渔网、纸、罐头罐

设计师 = Laura Beretti

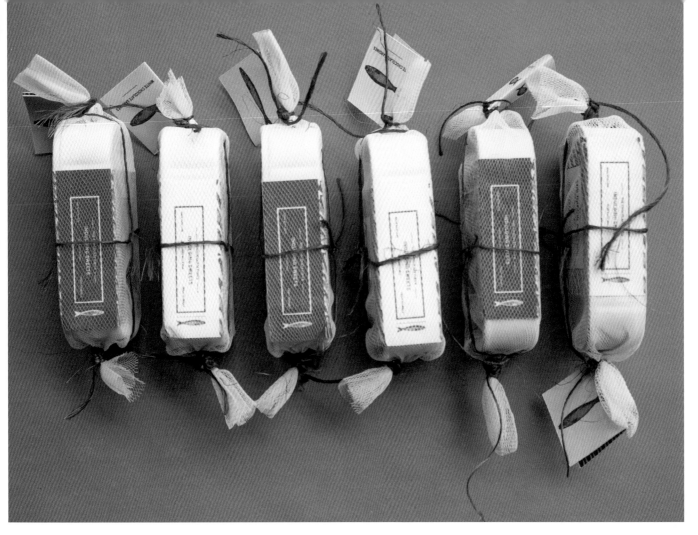

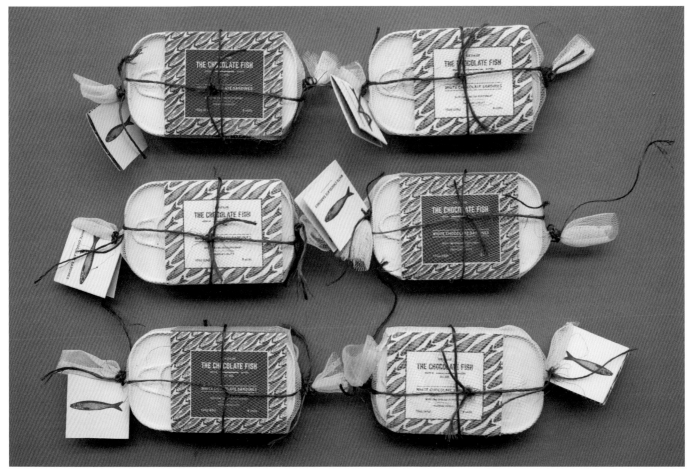

Kaharsa Indonesian Spices

Kaharsa 印度尼西亚香料摒弃了传统包装经常使用的塑料与玻璃材料，而是采用了对环境更友好、可持续性更强的麻布及木材，配合手工缝纫工艺，展示出家庭手作的质朴气息，同时避免了消费者购买后为香料另外寻找容器的麻烦。

包装材料 = 麻、纹理纸、轻质木材

设计师 = Adrian Agus Setiawan

Good Food

Good Food 系列产品包括大麦面粉、燕麦面粉、三种麦片以及富含蔬菜提取物和有益菌的意大利面。包装设计最突出的价值在于实用性，包装袋可反复利用。不同产品的包装搭配也不尽相同，例如面粉袋上系的纸质彩带，这些细节不仅可以给消费者留下积极的印象，还为产品添加了温馨的味道。

包装材料 = 麻、纸质彩带

设计师 = Tamara Pešić

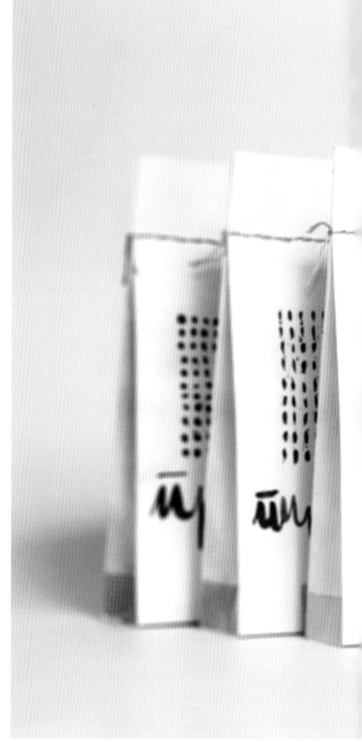

My Sweet Special Edition Packaging

纽约 My Sweet 糖果点心公司专门生产巴西传统手工 brigadeiros 巧克力点心。为了突出原料天然有机的特点，包装采用了黄麻纤维材料，黄麻纤维是天然蔬菜纤维，坚固持久，同时成本低廉并且可生物降解。包装灵感来源于装可可豆的麻袋，传达出 My Sweet 自然新鲜和手工制作的品牌理念。

包装材料 = 黄麻

设计师 = Bia Castro, Mariannna Dutra
客户 = My Sweet

Cuarentona

Cuarentona 是一款由青核桃、草药及香料与甜茴芹腌制四十天而成的烈性酒精饮料，口感浓郁而独特。透明酒瓶呈现出酒体的质感和颜色，黑色网兜令人联想起性感女士的黑色网袜，为产品增添了一丝俏皮与神秘感。标签采用大号的无饰边字体，进一步突出强调了饮用的烈酒的刺激感。

包装材料 = 尼龙网、木、玻璃

工作室 = Enserio
设计师 = Miquel Amela, Ferran Rodriguez
客户 = Enserio & Gerard Olivé

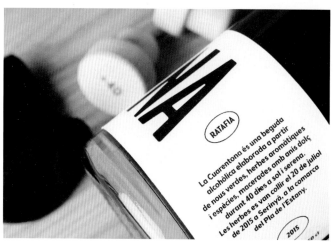

Aroma Coffee Package

Aroma 咖啡豆包装采用黄麻及大麻纤维混纺的粗麻布材料，可生物降解，不仅帮助产品给人第一感觉的冲击，同时有利于运输和销售。粗麻布一般由黄麻纤维、大麻纤维或亚麻纤维编织而成，布料粗糙质朴，编织纹路花纹较大，带有天然的米棕色。粗麻布经常用来储存谷物、土豆等作物。商标或说明可以通过印戳的方式盖在包装袋上。

包装材料 = 麻

设计师 = Brett Perry

索 引

12ender
www.12ender.de
[P186]

6.14 creative licensing
www.behance.net/6punto14
[P062]

Adrian Agus Setiawan
www.behance.net/adrianagus
[P244]

AIAIAI / Kilo Design
www.aiaiai.dk / www.kilodesign.dk
[P082]

AKU
www.aku.co
[P220]

Alexandra Istratova
www.behance.net/Sasha-Tyla
[P192]

Alvarez Juana
www.alvarezjuana.com
[P043]

Andrés Requena
www.andresrequena.es
[P124]

Anthony Earp
www.anthonyearp.com
[P099]

Apsara
www.apsara.co
[P072]

AWATSUJI design
www.awatsujidesign.com
[P166]

Beatrice Menis Design
www.beatricemenis.com
[P196, 197]

Bedow
www.bedow.se
[P214]

Bia Castro, Mariannna Dutra
www.biacastro.com,
www.mariannadutra.com
[P248]

Big Fish
www.bigfish.co.uk
[P111]

BRANDEXPERT The Freedom Island
www.en.os-design.ru
[P54, 98, 102, 108, 228]

Brett Perry
www.cargocollective.com/brettperry
[P252]

Brother Design
www.brotherdesign.co.nz
[P185]

cagicacco
www.cagicacco.jp
[P022, 028]

Caparo design crew
www.caparo.gr
[P034]

CBA North America
www.cba-be.com
[P106]

CITRARTWORK
www.citrartwork.com
[P066]

COMMUNE
www.commune-inc.jp
[P042]

Corn Studio
www.cornstudio.gr
[P218]

D8 LTD
www.d8.uk
[P202]

David Matos
www.shutupandance.net
[P200]

DEE LIGHTS, Planning ES
www.deelights.jp, www.es-co.jp
[P182]

DEO
www.deo.cl
[P153]

DeOfficina
www.deofficina.com
[P100]

Depot WPF branding agency
www.depotwpf.com
[P048]

Design studio SYU
www.syu-design.com
[P026, 151, 184]

DOCHERY visual solutions
www.dochery.ru
[P064, 092]

DONGURI
www.don-guri.com
[P030]

Dunn&Co.
www.dunn-co.com
[P096]

Enserio
www.enserio.ws
[P250]

eskju | Bretz & Jung
www.eskju.com
[P180]

Étiquette
www.behance.net/etiquettepack
[P078]

Farm Design
www.farmdesign.net
[P226]

Filip Nemet
www.behance.net/filipnemet
[P044]

FormNation Design
www.formnation.com
[P046]

Frame inc.
www.whoswho.jagda.jp/jp/
member/2265.html
[P174]

Fresh Chicken
www.frch.ru
[P204]

Futura
www.byfutura.com
[P170,194]

Getbrand
www.getbrand.ru
[P146]

Grand Deluxe
www.grand-deluxe.com
[P162]

Hachiuma Mihoko
[P061]

Hatch Design
www.hatchsf.com
[P068]

IFF COMPANY inc.
www.iff-com.co.jp
[P027, 050, 051, 216, 217]

Iglöo Creativo
www.igloocreativo.com
[P140]

Innventia, Tomorrow Machine
www.innventia.com,
www.tomorrowmachine.se
[P168]

Iris Kim
www.nutsaboutyoula.com
[P071]

Isabel de Peque
www.isabeldepeque.com
[P156]

Jeannie Burnside
www.jeannieburnside.com
[P052]

**Jessica Sjöstedt,
Jasper van Wolferen, Julia Ohem**
[P164]

**Jung von Matt/Alster,
Julien Canavezes**
www.toyzmachin.com
[P178]

Keiko Akatsuka & Associates
www.keikored.tv
[P160]

Kim Antonissen
www.kimantonissen.com
[P173]

Kristina Ivanova
www.behance.net/ivanovakristina
[P058]

Laura Beretti
www.lauraberetti.com
[P242]

Lazy snail
www.lazysnail.design
[P060]

LOVE agency
www.loveagency.lt
[P036]

Ludmila Katagarova
www.milakat.myportfolio.com
[P074]

makebardo
www.makebardo.com
[P086]

mamastudio / Konrad Sybilski
www.mamastudio.pl
www.konradsybilski.com
[P143]

Mari Eguchi
www.mari-eguchi.com
[P198]

Maria Sanoja
www.mcsanoja.com
[P236]

Masahiro Minami Laboratory
www.shc.usp.ac.jp/minami
[P188]

McCann Vilnius
www.mccann.lt
[P040]

Megan Sornson
www.behance.net/meglou
[P206]

Milos Milovanovic
www.behance.net/Milos_Milovanovic
[P176]

mousegraphics
www.mousegraphics.eu
[P116]

Musse Ecodesign
www.musse-ecodesign.pt
[P165]

Nio Ni
www.behance.net/nio_ni
[P134]

NOSIGNER
www.nosigner.com
[P104, 132]

Nutcreatives
www.nutcreatives.com
[P128]

Pablo Guerrero Gómez
www.pabloguerrero.es
[P172]

Paisha Design
www.paisha.net
[P136]

Pavlov's design
www.pavlovs-design.ru
[P148]

PBnJ studio
www.pbnjstudio.com
[P190]

phd3
www.phd3.co.nz
[P070, 142]

Plasmadesign Studio
www.plasmadesign.ch
[P110]

POST
www.postdesign.com
[P076]

Postlerferguson
www.postlerFerguson.com
[P118]

Rachel Brown
www.behance.net/rachelbrown
[P144]

Reverse Innovation
www.reverseinnovation.com
[P088]

Reynolds and Reyner
www.reynoldsandreyner.com
[P158]

Rosamund Chen
www.behance.net/hyphens
[P154]

Salvartes
www.salvartes.com
[P056]

SID LEE
www.sidlee.com
[P112]

Siegenthaler &Co
www.siegenthaler.co
[P038]

Studio A
www.studioa.com.pe
[P130]

STUDIO CHAPEAUX
www.studiochapeaux.com
[P032]

Studio ContentFormContext
www.contentformcontext.com
[P090]

Suisei
www.suisei-suisei.com
[P024, 150]

SUSAMI Creative Agency
www.susamicreative.com
[P199]

Swear Words
www.swearwords.com.au
[P208]

Tamara Pešić
www.tamarapesic.com
[P246]

TATABI Studio
www.tatabistudio.com
[P126]

The Bakery design studio
www.madebythebakery.com
[P080]

the bread and butter
www.the-bread-and-butter.com
[P117]

The Creative Method
www.thecreativemethod.com
[P222, 224]

Tomás Salazar
www.blckcnvs.com
[P084]

UNIQA Creative Engineering
www.uniqa.ru
[P065]

Voice
www.voicedesign.net
[P152, 238]

Weekday Studio
www.weekdaystudio.com
[P187]

Wonchan Lee
www.wonchanlee.com
[P114]

Yang Ripol Design ltd.
www.yangripol.com
[P094]

YOUNIK DESIGN
www.mmdesign.url.tw
[P138]

Yuta Takahashi
www.yutatakahashi.jp
[P234]

Zan Design Agency
www.zanagency.com
[P240]

致 谢

善本在此诚挚感谢所有参与本书制作与出版的公司与个人，该书得以顺利出版并与各位读者见面，全赖于这些贡献者的配合与协作。感谢所有为该专案提出宝贵意见并倾力协助的专业人士及制作商等贡献者。还有许多曾对本书制作鼎力相助的朋友，遗憾未能逐一标明与鸣谢，善本衷心感谢诸位长久以来的支持与厚爱。

投稿：善本诚意欢迎优秀的设计作品投稿，但保留依据题材等原因选择最终入选作品的权利。如果您有兴趣参与善本出版的图书，请把您的作品集或网页发送到 editor01@sendpoints.cn